高等学校应用型特色系列教材

C 语言程序设计

（第 2 版）（微课版）

曾昭江　主　编

廖慎勤　马莉莉　汤　怀　副主编

電子工業出版社

Publishing House of Electronics Industry

北京•BEIJING

内 容 简 介

C 语言是一门基础性的程序设计语言，学习 C 语言有助于计算机专业的学生更好地学习其他程序设计语言。本书主要内容包括 C 语言程序设计基础、顺序结构程序设计、选择结构程序设计、循环结构程序设计、数组、函数、指针、结构体、文件、位运算。本书中每章都提供了丰富的例子、精心挑选的课后习题，并且重点章节还提供了相关实训和微课视频。本书体系结构完整，内容介绍深入浅出，注重理论与实践相结合，每个例子都经过精心调试并配有源代码和运行结果，以便学生学习。

本书既可作为高等学校 C 语言程序设计课程的教材，又可作为广大计算机程序设计人员和计算机程序设计爱好者的参考书，同时可供参加相关考试的人员参考。

图书在版编目（CIP）数据

C 语言程序设计 : 微课版 / 曾昭江主编. -- 2 版
. -- 北京 : 电子工业出版社, 2024.6
ISBN 978-7-121-45712-8

Ⅰ. ①C… Ⅱ. ①曾… Ⅲ. ①C 语言－程序设计－高等学校－教材 Ⅳ. ①TP312.8

中国国家版本馆 CIP 数据核字(2023)第 098668 号

责任编辑：刘　瑀　　特约编辑：田学清
印　　刷：涿州市京南印刷厂
装　　订：涿州市京南印刷厂
出版发行：电子工业出版社
　　　　　北京市海淀区万寿路 173 信箱　　邮编：100036
开　　本：787×1092　1/16　印张：14　字数：358.4 千字
版　　次：2018 年 8 月第 1 版
　　　　　2024 年 6 月第 2 版
印　　次：2024 年 6 月第 1 次印刷
定　　价：49.00 元

凡所购买电子工业出版社图书有缺损问题，请向购买书店调换。若书店售缺，请与本社发行部联系，联系及邮购电话：（010）88254888，88258888。

质量投诉请发邮件至 zlts@phei.com.cn，盗版侵权举报请发邮件至 dbqq@phei.com.cn。

本书咨询联系方式：liuy01@phei.com.cn。

前　言

自产生以来，C 语言以灵活和实用的特点得到了广大用户的喜爱，迅速发展成为一门应用广泛的编程语言。从网站后台到底层操作系统，从多媒体应用到大型网络游戏，均可以使用 C 语言开发。在工业领域，C 语言也是被优先选择的系统语言，特别是在图形处理和工业控制方面，C 语言的使用更为广泛。此外，C 语言是一门结构化程序设计语言，有利于学生掌握程序设计的思想，培养学生认真、严谨的编程态度。目前，C 语言已成为一门学生学习程序设计的基础语言。

本书是作者在多年教学的基础上，融入高等学校教育的特点而编写的，不仅注重概念理解，力求使学生建立起对程序设计和 C 语言的清晰认识，而且注重学以致用，使学生在较短的时间内初步学会使用 C 语言编写程序，掌握相关的知识和技能。本书遵循“提出问题—解决问题—进一步提出问题—进一步解决问题”的讲解过程，使学生养成由简到繁、逐步求精的编程习惯。

本书分为 10 章，第 1 章内容包括程序与程序设计语言、算法的概念及描述、C 语言的发展及特点等；第 2 章内容包括顺序结构程序举例、数据的表现形式、运算符和表达式等；第 3 章内容包括选择结构程序举例、选择结构和条件判断、if 语句实现选择结构等；第 4 章内容包括循环结构程序举例，以及 while 语句、do-while 语句、for 语句实现循环结构等；第 5 章内容包括一维数组、二维数组和字符数组的定义、引用和初始化；第 6 章内容包括函数的定义、函数的参数和返回值、函数的调用和声明，以及函数的嵌套调用等；第 7 章内容包括变量的地址和指针、指针变量的定义和基类型、为指针变量赋值等；第 8 章内容包括结构体类型、结构体变量、结构体数组；第 9 章内容包括文件的相关概念、文件的打开与关闭、文件的顺序读写等；第 10 章内容包括位运算符和位运算等。对于带*的章节，学生在学习过程中可以根据需要进行取舍。

本书由曾昭江担任主编。第 1 章由曾昭江编写；第 2、3、4 章由廖慎勤编写；第 5、6、8 章由马莉莉编写；第 7 章由曾昭江编写；第 9 章、附录 A、附录 B 由曾昭江和汤怀编写；第 10 章由马莉莉编写；实训由对应章节的作者编写。全书由曾昭江统稿。在本书的编写过程中，广州市靖凯科技有限公司的杨昊提供了部分精选例子，C 语言程序设计课程的任课教师巫思敏、雷少玲、李杏清等，为本书提出了宝贵的意见和建议。在此对他们一并表示感谢。

本书提供微课视频、电子课件、源代码等配套资源，学生可登录华信教育资源网（www.hxedu.com.cn）注册并免费下载。

尽管我们做出了种种努力，付出了许多辛勤劳动，但由于我们水平有限且时间仓促，书中难免存在疏漏，在此恳请广大读者批评指正。

作　者

目 录

第1章　C语言程序设计基础

本章主要内容

- 程序与程序设计语言
- 算法的概念及描述
- C 语言的发展及特点
- C 语言程序的基本结构
- C 语言程序的开发环境
- C 语言程序举例

1.1　程序与程序设计语言

一个完整的计算机系统包括硬件系统和软件系统，硬件是计算机的物质基础，软件是计算机的灵魂。没有软件的计算机是一台“裸机”，什么操作都无法进行。有了软件，计算机才有了生命，才能成为一台真正的计算机。软件都是用程序设计语言编写的，是包含程序的有机集合体。程序是软件的必要元素。软件可以用以下公式来表示：软件=程序+文档=数据结构+算法+文档。

任何软件都有可运行的程序。例如，对于操作系统提供的工具软件，很多都只有一个可运行的程序，而有些也包含多个可运行的程序，如 Office 办公软件包中包含很多可运行的程序。软件是程序与开发、使用和维护程序的文档的总称，程序是软件的一部分。

1.1.1　程序

程序是人们为了解决某种问题而使用计算机可以识别的代码编排的一系列加工步骤。计算机程序是软件开发人员根据用户需求开发的、用程序设计语言描述的、适合计算机执行的指令序列。计算机本身不会做任何工作，它按照程序中的有序指令完成相应的任务。

由于计算机不能理解人类的自然语言，因此不能用自然语言编写计算机程序，只能用专门的程序设计语言来编写计算机程序。人们借助计算机能够理解的语言告诉计算机要处理哪些数据，以及按什么步骤来处理，这便是程序设计。

为解决某一问题而编写的程序不是唯一的，不同的用户编写程序的思路也不会完全一样。因此，不同程序的执行效率不同。这涉及程序的优化、程序所采用的数据结构和算法等多方面的因素。

1.1.2 程序设计语言

自 1946 年世界上第一台电子计算机问世以来，计算机领域的发展十分迅猛，计算机被广泛地应用于人类生产、生活的各个领域，推动了人类社会的进步与发展。特别是互联网（Internet）的发展，使传统的信息收集、传输及交换方式被革命性地改变，人类已经难以摆脱对计算机的依赖，计算机已将人类带入一个新的时代——信息时代。掌握计算机的基本知识和基本技能已经成为人类应该具备的基本素质。可以说，缺乏计算机知识就是信息时代的“文盲”。

对理工科的学生而言，掌握一门高级语言及基本的编程技能是必需的。计算机程序设计语言是人类与计算机进行交互的有力工具。

程序设计语言经历了从机器语言、汇编语言到高级语言的发展。

1. 机器语言

机器语言是第一代程序设计语言，属于低级语言。机器语言是由 0 和 1 两个二进制代码组成的，是计算机能直接识别和执行的一种机器指令的集合。由于机器语言使用的是针对特定型号计算机的语言，因此其运算效率是所有语言中最高的。机器语言具有直接执行和速度快等特点。

机器语言的学习和使用复杂、烦琐、费时、易出差错，特别是在程序出错时，更是如此。由于每台计算机的指令系统往往各不相同，因此在一台计算机上执行的程序要想在另一台计算机上执行，就必须重新编写，这就导致了重复工作。

2. 汇编语言

汇编语言是面向机器的程序设计语言。在汇编语言中，用助记符代替操作码，用地址符号（Symbol）或标号（Label）代替地址码。例如，用 ADD 代表加法，用 MOV 代表数据传递。这样一来，人们很容易读懂并理解程序在干什么，纠错及维护都变得比较简单。

使用汇编语言编写的程序，机器不能直接识别，要由一段程序将汇编语言翻译成机器语言，这种起到翻译作用的程序被称为汇编程序。汇编程序是语言处理系统软件，将汇编语言翻译成机器语言的过程被称为汇编。

汇编语言同样十分依赖机器硬件，汇编语言虽移植性不好，但效率很高。针对计算机特定硬件而编制的汇编语言程序，能准确地发挥计算机硬件的特长，程序精练、质量高，至今仍是一种常用的软件开发工具。

3. 高级语言

由于汇编语言十分依赖机器硬件，且助记符量大又难记，因此人们发明了更加易用的高级语言。这种语言的语法和结构类似普通英文，表示方法要比低级语言更接近待解决问题。高级语言的特点是在一定程度上与具体机器无关，易学、易用、易维护。

1954 年，第一种完全脱离机器硬件的高级语言——FORTRAN 语言问世。多年来，共有几百种高级语言出现。其中，影响较大、使用比较普遍的有 FORTRAN、ALGOL、COBOL、

BASIC、LISP、SNOBOL、Pascal、C、C++、Visual Basic、Delphi、Java 等语言。

从早期面向结构的程序设计语言到结构化的程序设计语言，从面向过程的程序设计语言到非过程化的程序设计语言，高级语言的发展经历了一个漫长的进化过程。相应地，软件的开发也由最初个体手工作坊式的封闭式生产，发展为产业化、流水线式的工业化生产。

20 世纪 60 年代中后期，软件越来越多，而软件的生产基本上各自为战，缺乏规范的系统规划、测试和评估标准，其结果是耗费巨资建立起来的软件系统由于存在错误而无法使用，给人带来巨大损失，让人感觉软件越来越不可靠，甚至几乎没有不出错的软件。这一切极大地影响了计算机界，被称为“软件危机”。人们认识到，大型程序的编制不同于小型程序，它应该是一项新的技术，应该像处理工程一样处理软件研制的全过程。程序的设计应易于保证正确性，也便于验证正确性。为此，人们提出了结构化程序设计。第一个结构化程序设计语言——Pascal 语言的出现，标志着结构化程序设计时期的开端。

20 世纪 80 年代初，在软件设计思想上，又发生了一次革命，出现了面向对象的程序设计语言。在此之前的高级语言，几乎都是面向过程的，程序的执行是流水线式的，在一个模块被执行完成前，不能执行其他操作，也无法动态地改变程序的执行方向，这和人们日常处理事务的方式是不一致的。我们希望发生一件事就处理一件事，也就是说，不能面向过程，而应面向具体的应用功能，即面向对象。其方法就是软件集成化，如同硬件的集成电路一样，生产一些通用的、封装紧密的功能模块（又称软件集成块），它与具体应用无关，但能相互组合，既能完成具体应用的功能，又能被重复使用。对使用者来说，只需关心它的接口及它能实现的功能，至于它是如何实现的，那是它内部的事，使用者无须关心。C++、Java 两种语言就是面向对象的程序设计语言的典型代表。

高级语言的下一个发展目标是面向应用，也就是说，只需要告诉程序要干什么，程序就能自动生成算法，自动处理，也就是非过程化的程序设计语言。

1.2　算法的概念及描述

一个计算机程序应该包括以下两方面的内容。

（1）对数据的描述，即在程序中指定数据类型和数据组织形式，也就是数据结构。

（2）对操作的描述，也就是算法。

尼古拉斯·沃斯提出了一个公式：数据结构+算法=程序。实际上，要设计一个计算机程序，除了要考虑数据结构和算法，还应当考虑程序设计方法和程序设计语言。因此，算法、数据结构、程序设计方法和程序设计语言 4 个方面是一名程序员应具备的基本知识。可见，算法在计算机应用中十分重要。

1.2.1　算法的概念

算法就是为了解决一个具体问题而采取的方法和有限步骤，或者是指对解题方法准确而完整的描述，是一系列解决问题的清晰指令。算法代表着用系统的方法描述解决问题的策略。如果一个算法有缺陷，或者不适用于某个问题，那么执行这个算法将不能解决这个问题。

一个算法应该具有以下 7 个重要的特征。

（1）有穷性（Finiteness）：算法必须能在执行有限个步骤之后终止。

（2）确切性（Definiteness）：算法的每个步骤必须有确切的定义。

（3）输入项（Input）：一个算法有零个或多个输入项，以表示运算对象的初始情况，零个输入项是指算法本身给出了初始条件。

（4）输出项（Output）：一个算法有一个或多个输出项，以反映对输入数据加工后的结果，没有输出项的算法是毫无意义的。

（5）可行性（Effectiveness）：也称有效性。算法中执行的任何计算步骤都可以被分解为基本的可执行操作，即每个计算步骤都可以在有限的时间内完成。

（6）高效性（High Efficiency）：算法必须执行速度快，占用资源少。

（7）健壮性（Robustness）：算法必须对数据响应正确。

一个算法质量的优劣将影响算法乃至整个程序的效率，不同的算法可能会以不同的时间复杂度、空间复杂度、效率完成同样的任务，算法分析的目的在于选择合适的算法并进行改进。对一个算法的评价应主要从时间复杂度和空间复杂度两方面来考虑。

1. 时间复杂度

算法的时间复杂度是指执行算法所需要的计算机工作量，即算法执行过程中所需要的基本运算次数。一般来说，计算机算法是问题规模 n 的函数 $f(n)$，算法的时间复杂度可以记为

$$T(n)=O(f(n))$$

由此可知，算法执行时间的增长率与 $f(n)$的增长率正相关，被称为渐进时间复杂度（Asymptotic Time Complexity）。

2. 空间复杂度

算法的空间复杂度是对一个算法在运行过程中临时占用存储空间大小的量度。其计算和表示方法与时间复杂度类似，一般都是用复杂度的渐进性来表示的。同时间复杂度相比，空间复杂度的分析要简单得多。

1.2.2 算法的描述

算法可以使用自然语言、伪代码、流程图等多种不同的方法来描述，它们的优势和不足可以简单地归纳如下。

1. 自然语言

优势：自然语言通俗易懂，不用专门训练。

不足：自然语言的歧义性容易导致算法执行的不确定性；由于自然语言的语句一般较

长，因此使用自然语言会导致描述的算法太长；当一个算法中循环和分支较多时，自然语言很难将其清晰地表示出来；自然语言表示的算法不便翻译成程序设计语言。

2. 伪代码

伪代码用介于自然语言与程序设计语言之间的文字及符号来描述算法。

优势：伪代码回避了程序设计语言严格、烦琐的书写格式，书写方便；伪代码具备格式紧凑、易于理解、便于向程序设计语言过渡的优点。

不足：伪代码的种类繁多，语句格式容易不规范，有时会被误读。

【例 1.1】 用伪代码描述“输出 x 的绝对值”的算法。

```
若 x 为正
    输出 x
若 x 为负
    输出-x
```

3. 流程图

流程图是一种描述算法控制流程和指令执行情况的有向图，是一种比较直观的描述方式。流程图中的常用符号如表 1-1 所示。

表 1-1　流程图中的常用符号

图形符号	符号名称	说　明
圆角矩形	起止框	表示算法的开始或结束
矩形	处理框	表示算法的某个处理步骤
菱形	判断框	表示对给定条件进行判断，根据条件是否成立来决定如何执行
平行四边形	输入/输出框	表示输入/输出操作
→	流线	表示程序的流向
○	连接圈	表示算法流向出口和入口的连接点

优势：流程图清晰、简洁，易于表达选择结构，不依赖任何具体的程序设计语言，有利于不同环境下的程序设计。

不足：流程图不易书写，不易修改，需借助专用的流程图制作软件进行绘制和修改。

【例 1.2】 用流程图描述以下算法：输入圆的半径 r，输出圆的周长 C 和圆的面积 S。

算法步骤如下。

（1）输入圆的半径：r。

（2）计算圆的周长：C=2*PI*r。

（3）计算圆的面积：S=PI*r^2。

（4）输出结果。

说明： 该算法中，计算圆的面积所需的圆的半径 r 待定，要求在程序运行后输入。该算法的流程如图 1-1 所示。

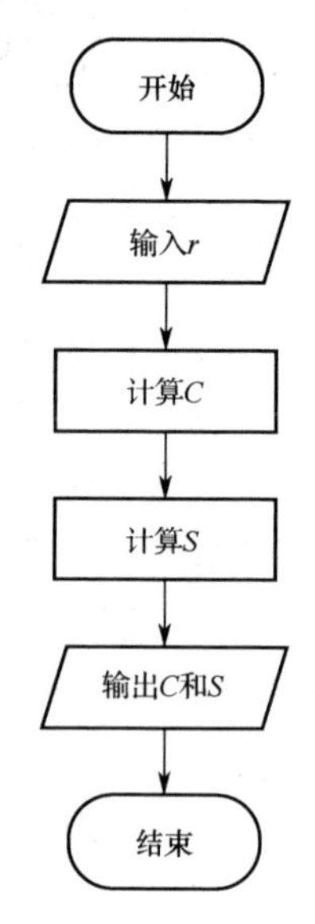

图 1-1　算法的流程

1.2.3　常用算法

1．穷举法

穷举法又称枚举法，是一种简单、直接解决问题的方法。其基本思想是逐一列举问题涉及的所有情形，并根据问题提出的条件检验哪些是问题的解，哪些应该排除。

2．递归法

在复杂算法的描述中经常采用递归法。能采用递归法描述的算法通常有这样的特征：将求解规模为 n 的问题分解成规模较小的问题，并从这些规模较小的问题的解中构造出规模较大的问题的解，这些规模较小的问题也能采用同样的方法，分解成规模更小的问题。需要注意的是，当规模 n=1 时，能直接得到解。

虽然递归法是一种效率比较低的算法，但是其优点也很明显。使用递归法能够降低程序设计的复杂性。对时间复杂度要求较高的程序不适合使用递归法。

3．回溯法

回溯法是一种选优搜索法，按选优条件向前搜索，以达到目标。当探索到某一步时，发现原来的选择不满足条件或达不到目标，就退回上一步重新选择，这种“走不通就退回再重新走”的方法被称为回溯法，而满足回溯条件的某个状态的点则被称为回溯点。

4．贪心法

贪心法又称贪婪算法，是指在求解问题时，总是做出在当前看来最好的选择。也就是说，不从整体最优上加以考虑，所求出的仅是某种意义上的局部最优解。贪心法不能让所有问题得到整体最优解，但对大部分问题能得到整体最优解或整体最优解的近似解。

5. 分治法

在计算机科学中，分治法是一种很重要的算法。分治法字面上的解释是“分而治之”，就是先把一个复杂的问题分成两个或更多个相同/相似的子问题，再把子问题分成更小的子问题，直至最后的子问题可以简单地直接求解，原问题的解即子问题的解的合并。这个技巧是很多高效算法的基础，如排序算法（快速排序、归并排序）、傅里叶变换（快速傅里叶变换）等。

1.3　C 语言的发展及特点

1.3.1　C 语言的发展

C 语言的发展颇为有趣，它的原型是 1960 年出现的 ALGOL 60 语言（也称 A 语言）。和汇编语言相比，A 语言的可读性、可移植性较好，但其距硬件较远，不适合用于编写系统程序。1963 年，剑桥大学将 A 语言发展成 CPL（Combined Programming Language）。CPL 更接近硬件一些，规模较大。1967 年，剑桥大学的 Matin Richards 对 CPL 进行了简化，产生了 BCPL。1970 年，美国贝尔实验室的 Ken Thompson 对 BCPL 进行了修改，并为它起了一个有趣的名字，即 B 语言，意思是将 CPL“煮干”，提炼出它的精华。Ken Thompson 用 B 语言编写了第一个 UNIX 系统。但是 B 语言过于简单，功能有限，并且没有数据类型。而在 1972 年，B 语言也被人“煮”了一下，美国贝尔实验室的 Dennis M.Ritchie 在 B 语言的基础上设计出了一种新的语言，他取了 BCPL 的第二个字母作为这种语言的名字，这就是 C 语言。C 语言非常精练，接近硬件，弥补了没有数据类型的缺点。

为了推广 UNIX 系统，1977 年，Dennis M.Ritchie 发表了《可移植的 C 语言编译程序》。1978 年，Brian W.Kernighan 和 Dennis M.Ritchie 出版了著名的 *The C Programming Language*，使 C 语言成为目前世界上十分流行的高级程序设计语言。1988 年，随着微型计算机的日益普及，出现了许多 C 语言版本。由于没有统一的标准，使得这些 C 语言版本之间出现了一些不一致的地方。为了改变这种情况，美国国家标准研究所（ANSI）为 C 语言制定了一套 ANSI 标准，ANSI 标准成了现行的 C 语言标准。

C 语言发展迅速，成为受欢迎的语言，主要是因为它具有强大的功能。许多著名的系统软件，如 DBASE Ⅲ PLUS、DBASE Ⅳ等都是由 C 语言编写的。若将 C 语言与一些汇编语言子程序组合使用，则更能显示出 C 语言的优势了。例如，PC-DOS 等就是用这种方法编写的。

1.3.2　C 语言的特点

一门语言之所以能存在和发展并具有生命力，是因为其有不同于其他语言的特点。C 语言的特点如下。

（1）C 语言简洁、紧凑，使用方便、灵活。C 语言一共只有 32 个保留字、9 种控制语句，程序书写形式自由，主要用小写字母表示，压缩了一切不必要的成分。对其他程序设计语言而言，C 语言的源程序较短，输入程序时工作量较少。

（2）C 语言既具有高级语言的特点，又具有低级语言的一些功能。它允许直接访问地址，进行位运算，可以直接对硬件进行操作。

（3）C 语言是一种结构化程序设计语言，C 语言中包括结构化控制语句（if-else、while、do-while、switch、for 等语句）。C 语言用函数作为程序模块，以实现程序的模块化。因此，使用 C 语言有利于实现结构化、模块化的程序设计。

（4）C 语言的运算符丰富。C 语言的运算符包含的范围很广，共有 34 个运算符。C 语言把括号、赋值、强制类型转换等都作为运算符处理，从而使它的运算符类型极其丰富，表达式类型多样。灵活使用各种 C 语言的运算符可以实现在其他高级语言中难以实现的运算。

（5）C 语言中的数据类型丰富，具有现代化语言的各种数据类型。C 语言中的数据类型有整型、实型、字符型、字符串型等。它们能用来实现各种复杂的数据结构。C 语言具有很强的数据处理能力。

（6）C 语言程序中可以使用#define、#include 等编译预处理命令，能进行字符串或特定参数的宏定义，以及实现对外部文本文件的读取和合并，同时具有#if、#else 等条件编译预处理功能。这些功能有利于提高程序质量和软件开发的效率。

（7）C 语言生成的代码质量高。高级语言能否用来描述系统软件，特别是操作系统、编译程序等，除取决于语言表达能力以外，还有一个很重要的因素，就是该语言的代码质量。实验表明，C 语言代码的执行效率只比汇编语言低 10%～20%，C 语言是描述系统软件和应用软件比较理想的工具。

（8）C 语言程序的可移植性好。C 语言程序本身不依赖机器硬件系统，便于在硬件结构不同的机种和操作系统之间实现程序的移植。

1.4 C 语言程序的基本结构

程序设计方法对程序设计的质量有着非常重要的影响。

1.4.1 结构化程序设计

C 语言是一种结构化程序设计语言，提供了实现 3 种基本结构的语句，只要确定了算法，就可以很容易地实现结构化程序的编写。

结构化程序设计的思路是自顶向下、逐步求精。其程序结构是：按功能划分为若干个基本模块，各模块之间的关系尽可能简单，在功能上相对独立；每个模块内部均由顺序、选择和循环 3 种基本结构组成。其模块化实现的具体方法是：使用子程序。结构化程序设计采用了模块分解与功能抽象、自顶向下、分而治之的方法，从而有效地将一个比较复杂的系统程序设计任务分解成许多易于控制和处理的子任务，便于开发和维护。

虽然结构化程序设计具有很多优点，但它仍是一种面向过程的程序设计方法，它把数据本身和处理数据的过程分离为相互独立的实体。当改变数据结构时，所有相关的处理过程都要进行相应的修改，每种相对于旧问题的新方法都会带来额外的开销。由于图形用户界面的应用，程序运行由顺序运行演变为事件驱动，软件使用起来越来越方便，但开发起来越来越困难。这种软件的功能，很难用过程来描述和实现，用面向过程的程序设计方法来开发和维护将非常困难。因此，产生了面向对象的程序设计。

1.4.2　C 语言程序的结构

下面来看一个用 C 语言编写的 C 语言程序，并从这个例子中说明 C 语言程序的基本结构。

```
#include <stdio.h>
#include <stdlib.h>                     //预编译，包含头文件
int main( ) {                           //主函数名，是程序的执行入口
    int a,b,sum;                        //定义了 3 个整型变量，分别为 a、b、sum
    a = 10 ;                            //给 a 赋值
    b = 20 ;                            //给 b 赋值
    sum = a + b ;                       //将 a 与 b 的值相加，将结果赋给 sum
    printf("sum is %d \n",sum);         //输出 sum 的值
    return 0;                           //退出程序
}
```

（1）#include<…>是一条预编译命令，声明该程序使用 stdio.h 头文件中的内容，stdio.h 头文件中包含 printf()函数。C 语言预编译命令都以#开头，<>内是被包含的文件名，<>也可以写成""，预编译命令通常放在程序的最前面，头文件的扩展名.h 是.head 的缩写。

（2）C 语言程序由函数构成，函数是 C 语言程序的基本单位。C 语言程序中有且只有一个 main()函数，main()函数也称主函数，不管 main()函数在程序中处在何种位置，C 语言程序都从 main()函数处开始执行。用花括号括起来的是 main()函数的函数体，所有操作语句都放在花括号中。

（3）在 C 语言程序中，每条语句都以分号结束。

1.5　C 语言程序的开发环境

C 语言程序的开发环境有很多，有 Turbo C、Win-TC、My TC、Visual C++ 6.0、Visual C++ 2008、Dev C++等，还有在 UNIX/Linux 系统中的 GCC 编译器等。有些初学者选择使用 Turbo C。Turbo C 虽然很实用，但是头文件较少，且是 DOS 界面，只能使用键盘操作不能使用鼠标操作，具有一定的局限性；Win-TC、My TC 虽然程序比较小，且是 Windows 界面，但是在调试程序时不太好用，不显示错误出现在哪一行；Visual C++ 6.0、Visual C++ 2003 和 Visual C++ 2008 虽然功能强大，但是程序较大，生成的文件也较多。

C 语言的上机执行过程一般分为 4 个步骤，即编辑、编译、链接及运行，如图 1-2 所示。

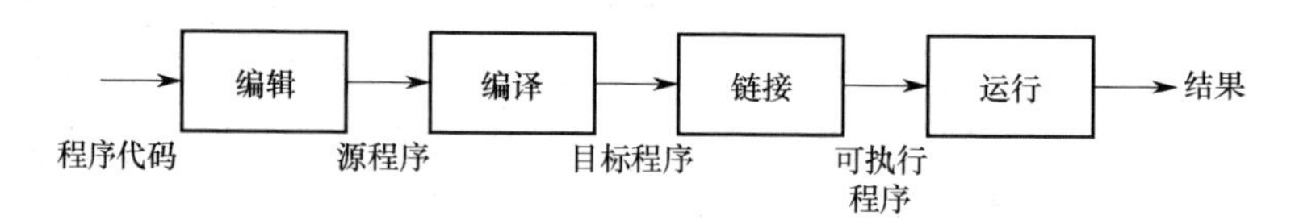

图 1-2　C 语言的上机执行过程

源程序是一种计算机代码，必须符合一定的语法规则，经过编译器编译或解释后生成目标程序（Object Program），目标程序又称目的程序。C 语言程序通过二次编译，最终得到机器码构成的可执行程序，可执行程序是一种可以在操作系统存储单元中浮动定位的程序。在 MS-DOS 和 MS-Windows 中，可执行程序文件的扩展名一般为.exe。

1.5.1　在 Visual C++ 6.0 中开发 C 语言程序

Visual C++ 6.0 是微软公司推出的 32 位 C/C++开发平台，是一个标准的 Windows 应用程序。在 Visual C++ 6.0 中开发 C 语言程序的主要步骤如下。

1．启动 Visual C++ 6.0

安装好 Visual C++ 6.0 后，在 Windows 系统中，选择“开始”→“程序”命令，并选择 Visual C++的启动菜单项，启动 Visual C++ 6.0。

2．新建工程

在 Visual C++ 6.0 中，以工程为单位开发 C 语言程序。每个工程可以包含一个或多个 C 语言源程序文件，其中只有一个 C 语言源程序文件中包含 main()函数。

在 Visual C++ 6.0 中，选择“文件”→“新建”命令，在弹出的“新建”对话框中，可以选择开发各种类型的应用程序，本书只介绍 Win32 Console Application 类型的工程演示程序的开发。在对话框右侧的“工程名称”文本框中输入工程名称，并选择工程创建的位置，如图 1-3 所示。

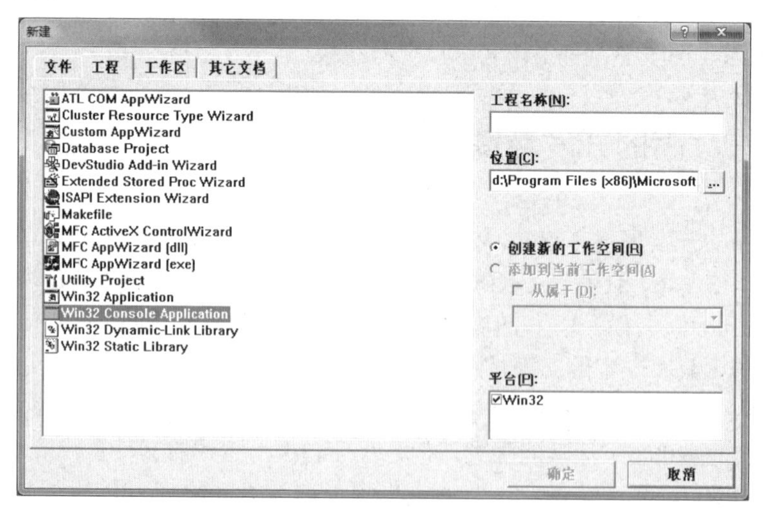

图 1-3　新建工程 1

Visual C++ 6.0 最终会在上述指定的位置创建以工程名称命名的文件夹，工程的所有文件都位于这个文件夹中。此时，单击“确定”按钮，在弹出的对话框中，选中“一个‘Hello，World!’程序”单选按钮，单击“完成”按钮，如图 1-4 所示。

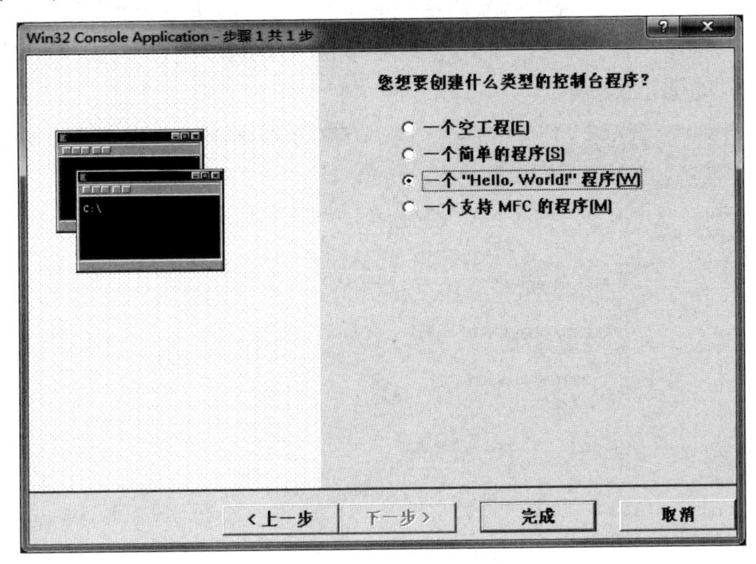

图 1-4　新建工程 2

3．查看源程序

工程创建完成后，可以在 Visual C++ 6.0 的工作区中查看当前工程包含的文件情况，选择“Globals”选项，创建一个简单的程序，双击“main(int argc,char*argv[])”选项，即可打开创建好的程序。查看源程序，如图 1-5 所示。

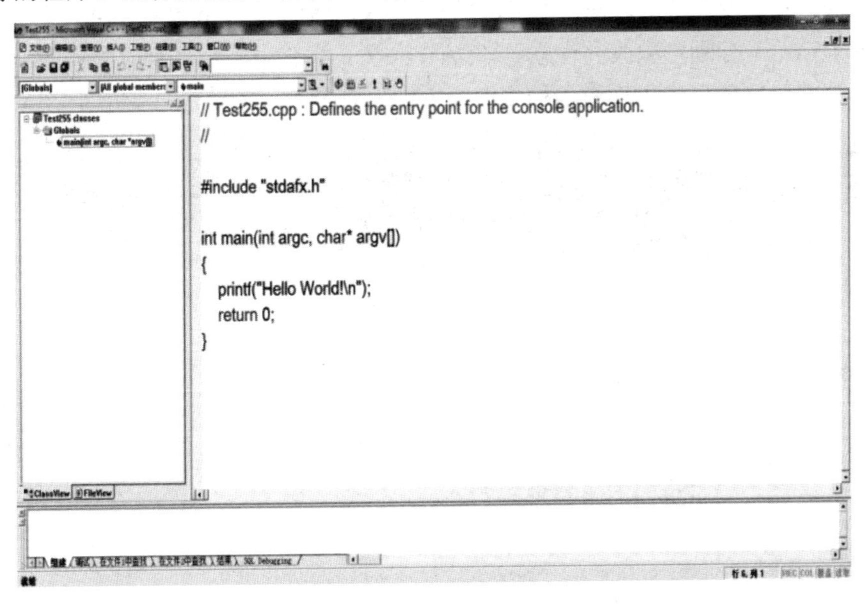

图 1-5　查看源程序

4．编译、链接源程序

选择“组建”→“编译”命令，或者单击“Compile”按钮（按快捷键 Ctrl+F7），可以完成对源程序的编译工作。若底部编译结果显示“0 error(s),0 warning(s)”字样，则说明编译完成。选择“组建”→“组建”命令，或者单击“Build”按钮（按 F7 键），完成对源程序的链接工作，如图 1-6 所示。

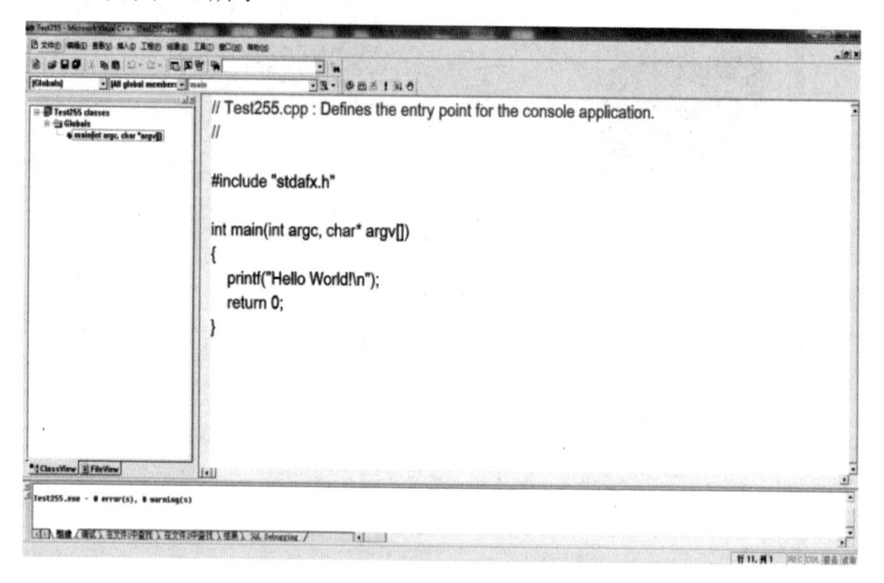

图 1-6　编译、链接源程序

5．运行程序

当编译、链接都完成后，选择“组建”→“执行”命令，或者单击“执行”按钮（按快捷键 Ctrl+F5），运行刚刚生成的程序。Visual C++ 6.0 将会生成一个对应的程序，并打开一个对应的窗口，在窗口中可以看到程序运行后输出到屏幕上的信息，如图 1-7 所示。

图 1-7　运行程序

1.5.2　使用 Dev C++开发 C 语言程序

Dev C++是 Windows 平台上的 C/C++系统，内置的是 GCC 编译器。使用 Dev C++开发 C 语言程序的主要步骤如下。

1．启动 Dev C++

安装好 Dev C++后，在 Windows 系统中，选择“开始”→“程序”命令，并选择 Dev C++的启动菜单项，启动 Dev C++。

2. 新建工程并查看源程序

在 Dev C++中，选择“文件”→“新建”→“工程”命令，弹出“新项目”对话框。本书只介绍 Console Application 类型的工程演示程序的开发。选择“Console Application”选项，并在“名称”文本框中输入工程名称，如图 1-8 所示。

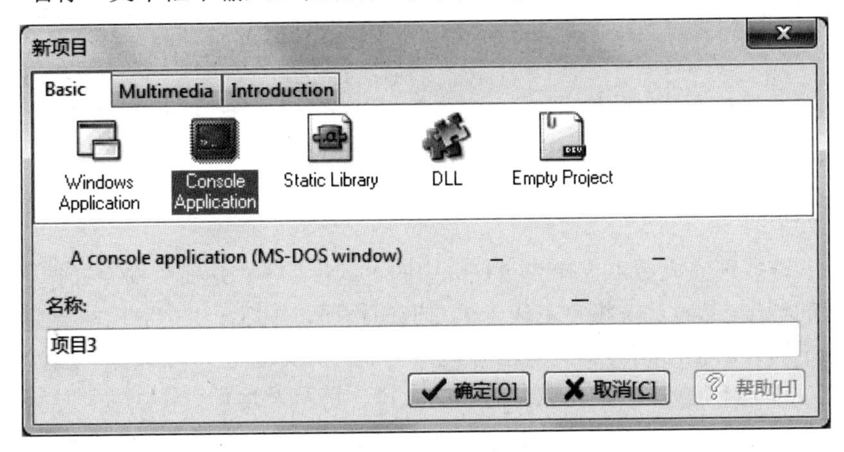

图 1-8　新建工程

单击“确定”按钮，根据提示在需要的位置保存新建的工程，推荐做法是将每个工程保存在一个单独的文件夹（可以创建一个与工程同名的文件夹）中。此时，工作区中会显示新建的工程，这个工程中有一个源程序文件 main.c，其中包含一个虽简单但完整的 C 语言源程序。查看源程序，如图 1-9 所示。

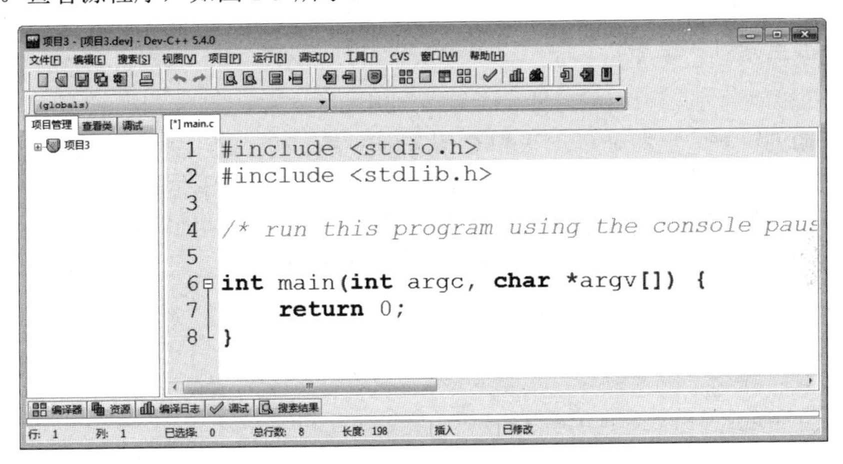

图 1-9　查看源程序

3. 编译、链接源程序

可以在源程序文件 main.c 的基础上编辑源程序。编辑完成后选择 Dev C++中的“运行”→“编译”（按 F9 键）命令，完成对源程序的编译和链接工作。这些工作也可以通过单击工具栏上的相应快捷按钮完成，此时可以查看源程序是否出错，如图 1-10 所示。

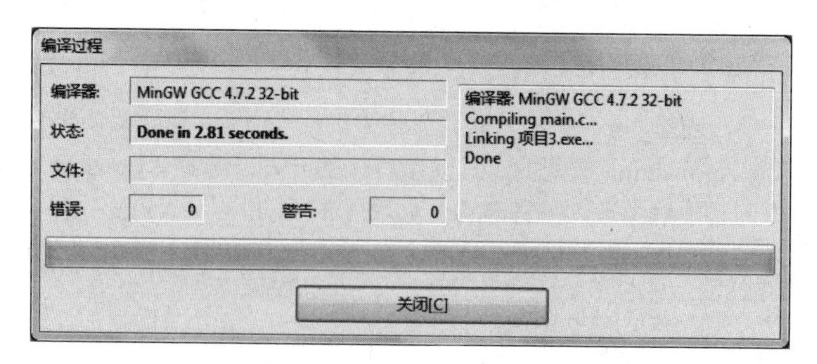

图 1-10　编译、链接源程序

4. 运行程序

当编译、链接都完成后，选择 Dev C++中的“运行”→“运行”命令（按 F10 键），运行刚刚生成的程序。Dev C++将会生成一个对应的程序，并打开一个对应的窗口，在窗口中可以看到程序运行后输出到屏幕上的信息，如图 1-11 所示。也可以选择“运行”→“编译运行”命令（按 F11 键），一次完成源程序的编译、链接及运行工作。

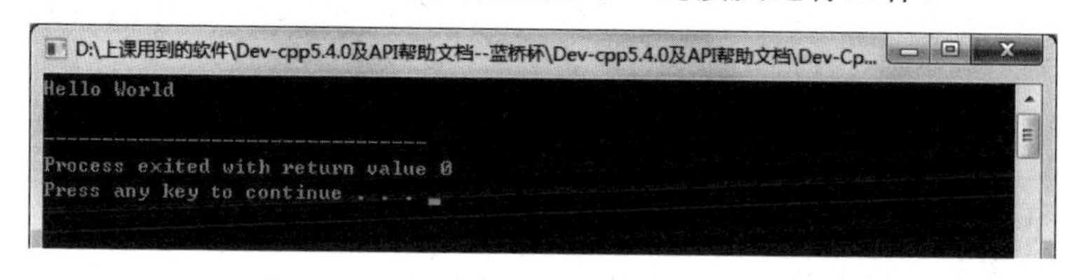

图 1-11　运行程序

1.6　C 语言程序举例

通过前面的讲解，学生对 C 语言和 C 语言程序有了初步的了解，为了使学生更好地体会 C 语言的用法，下面介绍几个典型的 C 语言程序例子，以便学生初步认识 C 语言的特点和功能。下面的例子中涉及较多后续章节中的内容，学生只需初步了解即可。

【例 1.3】 在屏幕上打印输出 9 行 9 列的九九乘法口诀。

```
#include <stdio.h>
int main()
{
    int i,j;    //i 表示行，j 表示列
    printf("\n\n\t\t 九九乘法口诀\n");
    for(i=1;i<10;i++){
        for(j=1;j<=i;j++){
            printf("%d*%d=%-2d\t",j,i,i*j);
                //-2d 表示 i*j 的结果输出时占用两位，并且左对齐
        }
        printf("\n");
    }
    return 0;
}
```

程序运行结果如图 1-12 所示。

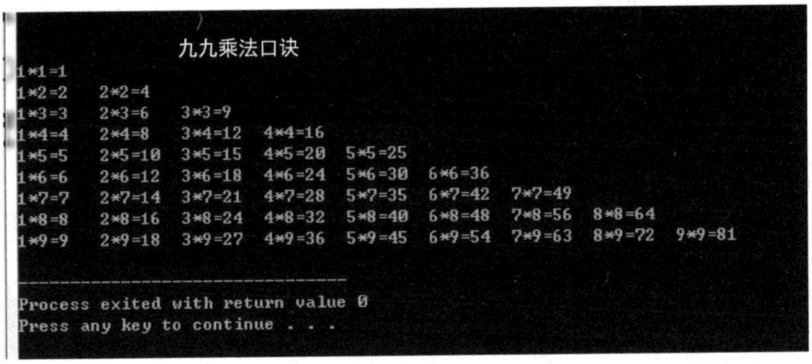

```
                九九乘法口诀
1*1=1
1*2=2   2*2=4
1*3=3   2*3=6   3*3=9
1*4=4   2*4=8   3*4=12  4*4=16
1*5=5   2*5=10  3*5=15  4*5=20  5*5=25
1*6=6   2*6=12  3*6=18  4*6=24  5*6=30  6*6=36
1*7=7   2*7=14  3*7=21  4*7=28  5*7=35  6*7=42  7*7=49
1*8=8   2*8=16  3*8=24  4*8=32  5*8=40  6*8=48  7*8=56  8*8=64
1*9=9   2*9=18  3*9=27  4*9=36  5*9=45  6*9=54  7*9=63  8*9=72  9*9=81

--------------------------------
Process exited with return value 0
Press any key to continue . . .
```

图 1-12　例 1.3 运行结果

【例 1.4】 在屏幕上打印输出等腰三角形，以 8 行等腰三角形的输出为例。

```
#include<stdio.h>
int main()
{
    int n;
    int i;                    //行
    int j;                    //列
    printf("请输入打印的行数：");
    scanf("%d",&n);
    for(j=0;j<n;j++){
        for(i=0;i<n-j;i++){
            printf(" ");      //输出空格
        }
        for(i=0;i<(2*j+1);i++){
            printf("*");
        }
        printf("\n");
    }
    return 0;
}
```

程序运行结果如图 1-13 所示。

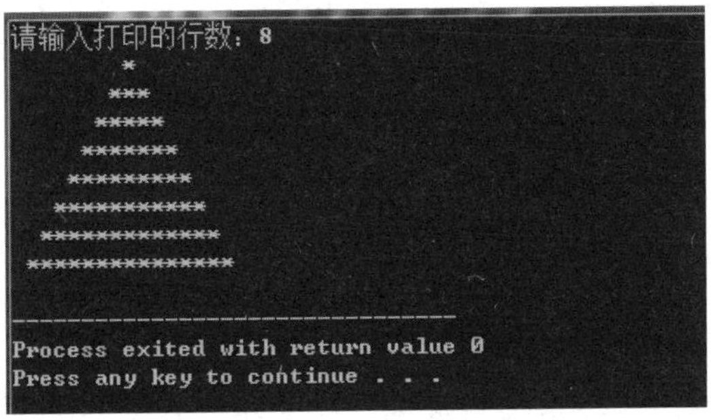

```
请输入打印的行数：8
        *
       ***
      *****
     *******
    *********
   ***********
  *************
 ***************

--------------------------------
Process exited with return value 0
Press any key to continue . . .
```

图 1-13　例 1.4 运行结果

【例 1.5】 求一元二次方程 $ax^2+bx+c=0$ 的根。

```
#include <stdio.h>
#include <math.h>        //后面用到的 pow()函数、sqrt()函数被包含在此文件中
int main()
{
    int a,b,c;                        //声明方程系数 a、b、c
    printf("求 ax^2+bx+c=0 的解， 输入 a,b,c:");  //提示输入 a、b、c
    scanf("%d%d%d",&a,&b,&c);         //读取输入的 a、b、c
    if(pow(b,2)-4*a*c<0){             //如果 b 的平方-4*a*c 小于 0
      printf("此方程无实根！");         //输出"此方程无实根!"
    }
    else if(pow(b,2)-4*a*c==0){       //如果 b 的平方-4*a*c 等于 0
      printf("方程有一个解，解为%d",-b/(2*a));
                                      //输出"方程有一个解，解为-b/(2*a)"
    }
    else if(pow(b,2)-4*a*c>0){        //如果 b 的平方-4*a*c 大于 0
      printf("方程有两个解，解分别为%f,%f",
    (-b+sqrt(pow(b,2)-4*a*c))/(2*a),(-b-sqrt(pow(b,2)-4*a*c)/(2*a));
    }
    else{
      printf("输入错误！");
    }
    return 0;
}
```

程序运行结果如图 1-14 所示。

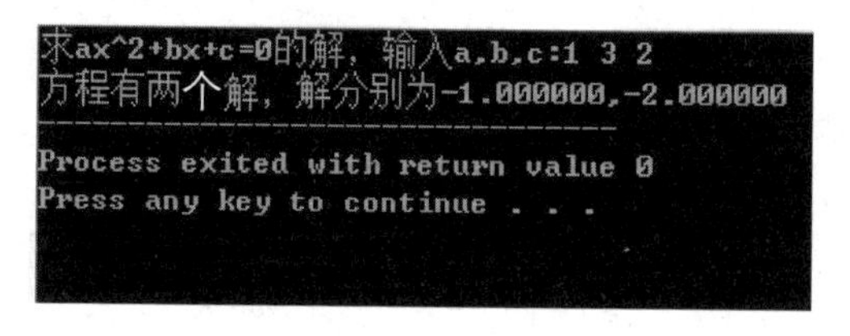

图 1-14　例 1.5 运行结果

本章小结

本章主要介绍了以下内容。

（1）程序与程序设计语言。

主要介绍了程序与程序设计语言的基本概念，以及程序设计语言从机器语言、汇编语言到高级语言的发展。

（2）算法的概念及描述。

主要介绍了算法的概念及特征、算法的时间复杂度和空间复杂度，以及穷举法、递归法、回溯法、贪心法、分治法。

（3）C 语言的发展及特点。

主要介绍了 C 语言的发展，以及 C 语言不同于其他语言的特点。

（4）C 语言的基本结构。

主要介绍了结构化程序设计的思路及优点，同时以例子的方式介绍了 C 语言程序的基本结构。

（5）C 语言的开发环境。

主要介绍了 Visual C++ 6.0 及 Dev C++两种开发环境，并以例子的方式给出了使用这两种开发环境编写与调试 C 语言程序的步骤。

（6）C 语言程序举例。

习题 1

一、选择题

1．下列语言中不属于程序设计语言的三大类的是（　　）。

A．机器语言　　B．汇编语言　　C．脚本语言　　D．高级语言

2．C 语言程序是由（　　）构成的。

A．一个 main()函数　　B．一个 main()函数和一个其他函数

C．一个 main()函数和若干个其他函数　　D．多个 main()函数和若干个其他函数

3．C 语言程序的执行总是从（　　）开始的。

A．main()函数　　B．程序的第一个函数

C．程序的第一行　　D．程序的第一个语句

4．描述或表示算法有多种方法，（　　）不是常用的方法。

A．自然语言　　B．效果图

C．伪代码　　D．流程图或 N-S 图

5．以下不是算法的特征的是（　　）。

A．有穷性　　B．确定性　　C．可行性　　D．可读性

6．在 Visual C++ 6.0 中，C 语言源程序文件名的默认扩展名是（　　）。

A．.cpp　　B．.exe　　C．.obj　　D．.dsp

7．下列错误中不影响程序正常运行的是（　　）。

A．语法错误　　B．逻辑错误　　C．编译错误　　D．算法错误

8．关于#include<stdio.h>这条预编译命令，下列描述中错误的是（　　）。

A．#是预处理标志，用来对文本进行预处理操作

B．include 是预处理指令

C．<>可以删除

D．stdio.h 是标准输入/输出头文件

二、填空题

1．开发一个 C 语言程序要经过编辑、编译、________和运行 4 个步骤。

2．在 C 语言中，包含头文件的预处理命令以________开头。

3．在 C 语言中，主函数名是________。

4．在 C 语言中，单行注释符是________。

5．在 C 语言中，头文件的扩展名是________。

6．常用算法有________、________和________等。

三、应用题

1．参考 1.4.2 节，编写一个 C 语言程序，输出以下内容：

```
******************************
    C language program
******************************
```

2．用流程图表示算法：判断一个数 n 能否同时被 3 和 7 整除。

3．C 语言的上机执行过程一般分为哪几个步骤？

第 2 章　顺序结构程序设计

本章主要内容

- 顺序结构程序举例
- 数据的表现形式
- 运算符和表达式
- C 语言中的语句
- 数据的输入/输出

有了前面的基础，在进行 C 语言程序设计前，必须掌握以下几方面的知识和能力。

（1）掌握算法，即解题的思路，否则无从下手。

（2）掌握 C 语言的相关语法，能用 C 语言提供的功能实现上一步所设计的算法。

（3）在编写程序时，采用结构化程序设计方法，编写出结构化程序。

由于算法的种类有很多种，不可能把所有算法都学会了，并且 C 语言的语法规定也有很多，很烦琐，孤立地学习语法枯燥无味，即使能将语法倒背如流，也不一定能编写出好的程序，因此必须找到一种有效的学习方法。

本书以程序设计为主线，把算法和语法紧密结合起来，引导学生由易到难地学会编写 C 语言程序。本章先介绍简单的程序及算法，同时介绍基本的语法现象，再逐步介绍较为复杂的程序及算法，同时介绍较为复杂的语法现象，把算法和语法有机结合起来，步步深入，由简单到复杂，让学生自然地、循序渐进地学会编写程序。

2.1　顺序结构程序举例

程序举例

【例 2.1】 输入三角形的 3 个边长，求三角形的面积。

若已知三角形的 3 个边长分别为 a、b、c，则该三角形的面积公式为

$$\text{area}=\sqrt{s(s-a)(s-b)(s-c)}$$

其中，$s=(a+b+c)/2$。

```
#include <stdio.h>
#include <math.h>
int main(void)
{
    float a,b,c,s,area;
    scanf("%f %f %f",&a,&b,&c);
    s=1.0/2*(a+b+c);
    area=sqrt(s*(s-a)*(s-b)*(s-c));
```

```
        printf("a=%7.2f,b=%7.2f,c=%7.2f,s=%7.2f\n",a,b,c,s);
        printf("area=%7.2f\n",area);
        return 0;
    }
```

（1）include 为文件包含命令，包含标准输入/输出头文件 stdio.h 及 math.h。

（2）扩展名为.h 的文件被称为头文件。

（3）main 是主函数名。每个 C 语言源程序都必须有且只有一个 main()函数。

（4）定义 5 个实型数据，以供后面使用。

（5）获得 3 个实型数据。

（6）按公式计算 s 的值。

（7）按公式计算 area 的值。

（8）按格式输出并显示 a、b、c、s 的值。

（9）按格式输出面积的值。

（10）返回程序。

（11）程序运行结束。

程序运行结果如图 2-1 所示。

```
4 5 5
a=   4.00,b=   5.00,c=   5.00,s=   7.00
area=   9.17

--------------------------------
Process exited with return value 0
Press any key to continue . . .
```

图 2-1　例 2.1 运行结果

程序的功能是输入 a、b、c，根据海伦公式求出三角形的面积，并输出 s 及 area 的值。main()函数所占用的两行代码被称为预处理命令，预处理命令还有其他几种，这里的 include 被称为文件包含命令，其意义是把<>或""内指定的文件包含到本程序中，成为本程序的一部分。被包含的文件通常是由系统提供的，扩展名为.h。被包含的文件又被称为头文件或首部文件。C 语言的头文件中包括各个标准库函数原型。因此，凡是在程序中调用一个标准库函数时，都必须包含该函数原型的头文件。本例子使用了 3 个标准库函数，即输入函数 scanf()、平方根函数 sqrt()及输出函数 printf()。sqrt()函数是数学函数，头文件为 math.h，在程序的 main()函数前用 include 命令包含了 math.h 头文件。scanf()函数和 printf()函数是标准输入/输出函数，头文件为 stdio.h，在程序的 main()函数前也用 include 命令包含了 stdio.h 头文件。

需要说明的是，C 语言规定对 scanf()函数和 printf()函数可以删除对其头文件的包含命令。因此，本例中也可以删除第一行的预编译命令#include<stdio.h>。

在本例中，main()函数又分为两部分，一部分为说明部分，另一部分为执行部分。说明部分用于说明变量的数据类型。C 语言规定，源程序中所有用到的变量都必须先定义后使用，否则将会出错。这一点是编译型高级程序设计语言的一个特点，其与解释型 BASIC 语言是不同的。说明部分是 C 语言源程序结构中很重要的组成部分。本例使用了 5 个变量，即 a、b、c、s 和 area，分别用来表示输入的 3 个边长，根据边长计算出的 s 和 area 的值。说明部分后的 6 行为执行部分，用以完成程序的功能。执行部分的第一行是输入语句，调用 scanf()函数，接收输入的数并将其存入变量 a、b、c。第二行是根据公式 s=(a+b+c)/2 计算 s 的值。第三行是根据海伦公式计算 area 的值。第四行是用 printf()函数输出 a、b、c 及 s 的值。第五行是用 printf()函数输出 area 的值。第六行是程序返回，结束程序。

在运行本程序时，首先在屏幕上给出输入提示光标，这是由执行部分的第一行完成的。用户依次输入 3 个数，数字与数字之间加空格，输入后按 Enter 键，会在屏幕上显示出计算结果。

2.2　数据的表现形式

有了以上编写程序的基础，下面对程序中的基本成分进行必要的介绍。

2.2.1　常量和变量

对于基本类型，按取值是否可以改变分为常量和变量两种。

1．常量

在程序执行过程中，值不发生改变的量被称为常量，如例 2.1 中的 1.0 和 2 就是常量。数值常量就是数学中的常数。在程序中，**常量是可以不经定义直接使用的，而变量则必须先定义后使用**。

常用的常量有以下几种。

（1）整型常量。整型常量如 100、12456、0、−234 等。

（2）实型常量。实型常量有两种表示形式。

① 小数形式常量。十进制小数形式常量由数字和小数点组成，如 4.6、0.123、−1.23 等。

② 指数形式常量。指数形式常量如 12.34e3（代表 12.34×10^3）等。

（3）字符常量。字符常量为由单引号引起来的一个字符，如'a'、'Z'、'3'等。

（4）字符串常量。字符串常量为由双引号引起来的若干个字符，如"boy"和"123"等。

（5）符号常量。符号常量用#define 指令表示，一个符号名称代表一个常量。其一般形式为：

```
#define 标识符 常量
```

注意，行末没有分号。其中，#define 是一条预编译命令（预编译命令都以#开头），又被称为宏定义命令。其功能是把该标识符定义为其后的常量值。一经定义，以后在程序中所有出现该标识符的地方均以该常量值代替。例如：

```
#define  PI  3.1416
```

经过定义后，本文件中从此行开始的所有 PI 都代表 3.1416。在对程序进行编译前，预处理器先对 PI 进行处理，把所有 PI 替换成 3.1416。使用符号常量的优点是含义清楚且能做到“一改全改”。

2. 变量

在程序执行过程中，值可以发生改变的量被称为变量。如例 2.1 中的 a、b、c、s、area 都是变量。一个变量对应一个变量名，在内存中占用一定的存储单元，在该存储单元中存储变量的值。应注意区分变量名和变量的值。如图 2-2 所示，a 是变量名，3 是变量的值，即存放在变量 a 的存储单元中的数据。变量名实际上是一个名称，代表的是一个存储地址。在对程序进行编译、链接时，由系统为每个变量名分配对应的存储地址，在变量中取值实际上是通过变量名找到相应的存储地址，从存储单元中读取数据。变量定义必须放在变量使用之前，一般放在函数体的开头部分。

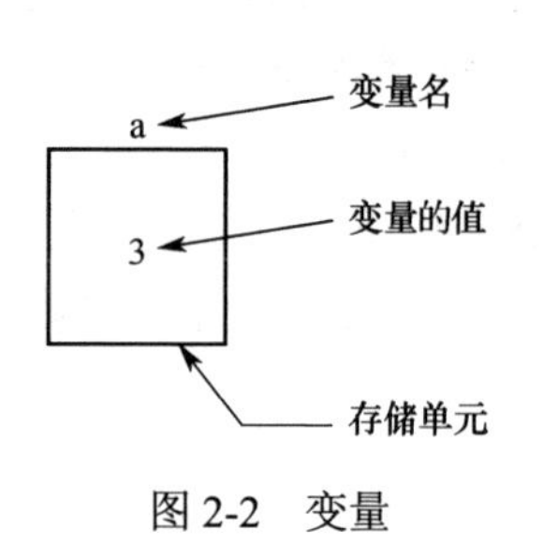

图 2-2　变量

2.2.2　C 语言中的数据类型

在计算机中，数据是存放在存储单元中的，是具体存在的。存储单元是由有限的字节构成的，每个存储单元中存放数据的范围是有限的。例如，用 C 语言程序计算和输出 1/3 的代码如下：

```
printf("%f", 1.0/3.0);
```

得到的结果是 0.333 333，只能得到 6 位小数，而不是无穷多位小数。

所谓数据类型，就是对数据分配存储单元的安排，包括存储单元的长度（占用多少字节）及数据的存储形式。不同的数据类型被分配不同的长度和存储形式。在 C 语言中，数据类型可以分为基本类型、构造类型、指针类型和空类型。

1. 基本类型

基本类型的主要特点是值不可以分解为其他类型。在 C 语言中，基本类型分为整型、实型（单精度实型和双精度实型）、字符型及枚举类型。

2. 构造类型

构造类型是根据已定义的一个或多个数据类型，用构造的方法来定义的数据类型。也就是说，一个构造类型的值可以分解成若干个“成员”或“元素”。每个“成员”都是一个基本类型或构造类型。在 C 语言中，构造类型有以下几种。

- 数组类型。
- 结构体类型。
- 共用体（联合）类型。

3. 指针类型

指针是一种特殊的且具有重要作用的数据类型。其值用来表示某个变量在内存中的地址。

4．空类型

在调用函数时，通常应向调用者返回一个函数值，这个返回的函数值是具有一定数据类型的，应在函数定义及函数说明中给予说明。例如，在一个自定义 max()函数中，函数头为 int max(int a,int b);，其中 int 表示该函数的返回值的数据类型为整型。有一种函数，在调用后并不需要向调用者返回函数值，这种函数类型可以被定义为空类型。其类型说明符为 void。

2.2.3　整型数据

1．整型数据的分类

（1）整型数据。

整型数据的类型名为 int。不同的 C 语言系统自动给整型数据分配 2 字节或 4 字节。如 Turbo C 为每个整型数据分配 2 字节（16 位），而 Visual C++ 6.0 则为每个整型数据分配 4 字节（32 位）。

整型数据在内存中以数值补码的形式存储。正数的补码和原码相同；负数的补码是将该数的绝对值的二进制形式按位取反再加 1。例如，10 的二进制形式是 1010，如果用 2 字节存放一个整数，则 10 的原码为：

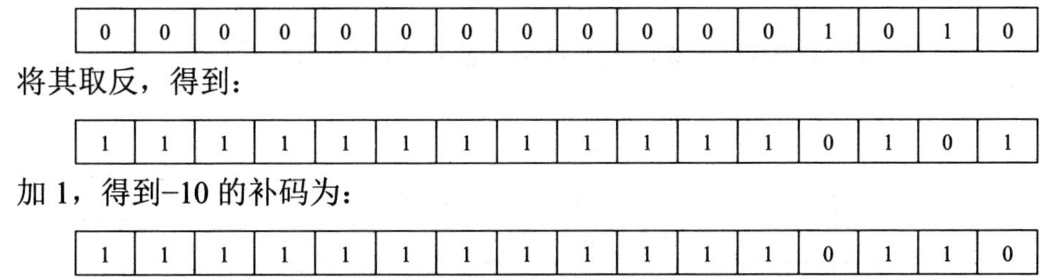

0	0	0	0	0	0	0	0	0	0	0	0	1	0	1	0

将其取反，得到：

1	1	1	1	1	1	1	1	1	1	1	1	0	1	0	1

加 1，得到−10 的补码为：

1	1	1	1	1	1	1	1	1	1	1	1	0	1	1	0

在存放整型数据的存储单元中，最左侧一位是用来表示符号的，如果该位为 0，则表示数值为正；如果该位为 1，则表示数值为负。

（2）短整型数据。

短整型数据的类型名为 short int 或 short。如果使用 Visual C++ 6.0，则系统分配给短整型数据 2 字节。其存储方式与整型数据的存储方式相同。

（3）长整型数据。

长整型数据的类型名为 long int 或 long，系统分配给长整型数据 4 字节。

（4）双长整型数据。

双长整型数据的类型名为 long long int 或 long long，系统分配给双长整型数据 8 字节。这是一个新增的类型，许多 C 语言系统尚未实现。

2．整型常量

整型常量就是整常数。在 C 语言中，使用的整型常量有十进制整型常量、八进制整型常量和十六进制整型常量 3 种。

（1）十进制整型常量。

十进制整型常量没有前缀。其数码取值为 0～9，如 237、−568、65 535、1627 等。不合规的十进制整型常量有 023（不能有前导 0）、23D（含有非十进制数码）等。

由于程序中是根据前缀来区分各种进制数的，因此在书写常量时不要把前缀弄错，以防止结果不正确。

（2）八进制整型常量。

八进制整型常量必须以 0 开头，即以 0 作为八进制数的前缀。其数码取值为 0～7，如 015（十进制数为 13）、0101（十进制数为 65）、0 177 777（十进制数为 65 535）等。不合规的八进制数有 256（无前缀 0）、03A2（含有非八进制数码）等。

（3）十六进制整型常量。

十六进制整型常量的前缀为 0X 或 0x。其数码取值为 0～9、A～F 或 a～f，如 0X2A（十进制形式为 42）、0XA0（十进制形式为 160）、0XFFFF（十进制形式为 65 535）等。不合规的十六进制整型常量有 5A（无前缀 0X）、0X3H（含有非十六进制数码）等。

3. 整型变量

变量的值在存储单元中都是以补码形式存储的，存储单元中的第一个二进制数代表符号。整型变量的取值范围是从负数到正数。Turbo C 中常见的整型变量的取值范围和存储单元大小如表 2-1 所示。

表 2-1　Turbo C 中常见的整型变量的取值范围和存储单元大小

类型说明符	取 值 范 围	所占用字节数
int	−32 768～32 767，即 -2^{15}～（$2^{15}-1$）	2
unsigned int	0～65 535，即 0～（$2^{16}-1$）	2
short int	−32 768～32 767，即 -2^{15}～（$2^{15}-1$）	2
unsigned short int	0～65 535，即 0～（$2^{16}-1$）	2
long int	−2 147 483 648～2 147 483 647，即 -2^{31}～（$2^{31}-1$）	4
unsigned long	0～4 294 967 295，即 0～（$2^{32}-1$）	4

在实际应用中，有些变量的取值常常只能为正数（学号、年龄、库存量、存款额等），为了充分利用变量的值的范围，可以将变量类型定义为无符号类型。可以在类型符号前面加上修饰符 unsigned，指定该变量类型是无符号类型。如果加上修饰符 signed，则是有符号类型。因此，前面介绍的 4 种整型数据可以扩展为以下 8 种整型变量。

有符号整型　　[signed] int
无符号整型　　unsigned int
有符号短整型　　[signed] short [int]
无符号短整型　　unsigned short [int]
有符号长整型　　[signed] long [int]
无符号长整型　　unsigned long [int]
有符号双长整型　　[signed] long long [int]

无符号双长整型　　　unsigned long long [int]

方括号表示其中的内容是可选的，既可以有又可以没有。如果未指定为 signed 或 unsigned，那么默认为 signed，如 signed int a 和 int a 等价。

在有符号整型变量的存储单元中，最高位代表符号（0 为正，1 为负）。如果变量被指定为无符号整型，则存储单元中的全部二进制位都用来存放变量本身，而没有符号。

无符号整型变量省去了符号位，不能表示负数，但由于它所占用字节数与相应的有符号整型变量所占用字节数相同，因此它存放的正数的范围比一般整型变量中存放的正数的范围大一倍。

有符号整型变量最大可以表示 32 767：

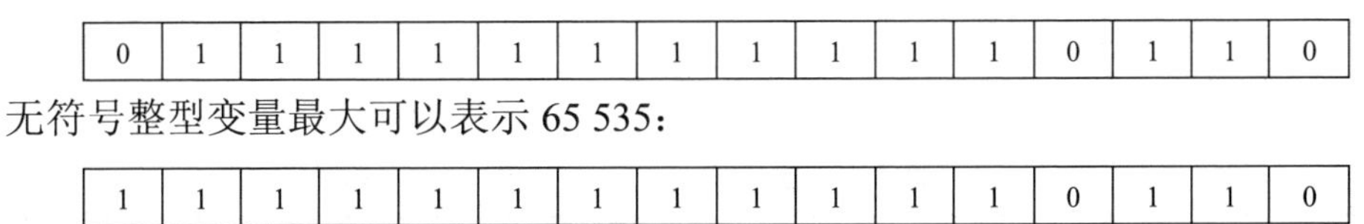

0	1	1	1	1	1	1	1	1	1	1	1	0	1	1	0

无符号整型变量最大可以表示 65 535：

1	1	1	1	1	1	1	1	1	1	1	1	0	1	1	0

定义两个短整型变量，即 a 和 b（占用 2 字节），a 为有符号短整型变量，b 为无符号短整型变量。

```
short a;                          // a 为有符号短整型变量
unsigned short b;                 // b 为无符号短整型变量
```

a 的取值范围为−32 768～32 767，b 的取值范围为 0～65 535。

2.2.4　实型数据

1．实型常量

实型常量，也称浮点型常量、浮点数。在 C 语言中，实型常量采用十进制形式。它有两种表示形式，分别为小数形式和指数形式。

（1）小数形式常量：由数字 0～9 和小数点组成，如 1.0、22.0、5.678、0.12、5.0、−267.823 0 等，均为合规的实型常量。注意，实型常量必须有小数点。

（2）指数形式常量：由十进制数加阶码标志 e 或 E，以及阶码（只能为整数，可以带符号）组成。

其一般形式为：

```
a E n
```

a 为十进制数，n 为整数，值为 $a*10^n$。

例如：

2.1E5（等于 2.1×10^5）。

3.7E−2（等于 3.7×10^{-2}）。

0.5E7（等于 0.5×10^7）。

−2.8E−2（等于-2.8×10^{-2}）。

不合规的实型常量如下。

345（无小数点）。

E7（阶码标志 E 之前无数字）。

−5（无阶码标志）。

53.−E3（负号位置不对）。

2.7E（无阶码）。

C 语言中允许实型常量使用后缀，后缀为 f 或 F，如 356f 和 356.是等价的。

2．实型变量

实型变量分为单精度实型变量、双精度实型变量和长双精度实型变量 3 种。

在 Turbo C 中，单精度实型变量占用 4 字节（32 位），数值范围为 3.4E−38～3.4E+38，只能提供 7 位有效数字。双精度实型变量占用 8 字节（64 位），数值范围为 1.7E−308～1.7E+308，可提供 16 位有效数字。实型变量的表示范围如表 2-2 所示。

表 2-2　实型变量的表示范围

类型说明符	所占用字节数	有效数字	数值范围
float	32（4）	6～7	10^{-37}～10^{38}
double	64（8）	15～16	10^{-307}～10^{308}
long double	128（16）	18～19	10^{-4931}～10^{4932}

实型变量定义的格式和书写规则与整型变量相同。例如：

```
float x,y;            //x、y 为单精度实型变量
double a,b,c;         //a、b、c 为双精度实型变量
```

2.2.5　字符型数据

字符型数据包括字符常量、字符变量和字符串常量。

1．字符常量

字符常量是用单引号引起来的单个字符。例如，'x'、'y'、'='、'+'、'?'等都是合规的字符常量。

在 C 语言中，字符常量有以下特点。

（1）字符常量只能用单引号引起来，不能用双引号引起来或其他括号括起来。

（2）字符常量只能是单个字符，不能是字符串。

（3）字符可以是字符集中的任意字符，但当数字被定义为字符常量之后就不代表数值了，如'3'和 3 是不同的，'3'表示字符常量。

2．字符变量

字符变量用来存储字符常量，即存储单个字符。每个字符变量被分配 1 字节，只能存放一个字符。字符值是以 ASCII 码的形式存放在变量的存储单元中的。

例如，x 的十进制 ASCII 码是 120，y 的十进制 ASCII 码是 121。为字符变量 a、b 赋予'x'和'y'值：

```
a='x';
b='y';
```

实际上，是在 a、b 两个存储单元中存放 120 和 121 的二进制代码：

a：	0	1	1	1	1	0	0	0
b：	0	1	1	1	1	0	0	1

字符变量的类型说明符是 char。字符变量的类型定义的格式和书写规则与整型变量相同。例如：

```
char a,b;
a='c';
b='s';
```

3. 转义字符

转义字符是一个特殊的字符常量。转义字符以反斜线开头，后面跟一个或者几个字符。转义字符具有特定的含义，区别于字符原有的意义。在 printf()函数的格式中经常用到的\n 就是一个转义字符，其意义是“换行”。转义字符主要用来表示那些不便用一般字符表示的控制代码。常用的转义字符及其含义如表 2-3 所示。

表 2-3　常用的转义字符及其含义

转 义 字 符	含　义	ASCII 码
\n	换行	10
\t	横向跳到下一个制表位置	9
\b	退格	8
\r	回车	13
\f	走纸换页	12
\\	反斜线	92
\'	单引号	39
\"	双引号	34
\a	鸣铃	7

4. 字符串常量

字符串常量是由双引号引起来的字符序列。例如，"CHINA"、"C program"和"$12.5"等。字符串常量和字符常量是不同的。二者有以下区别。

（1）字符常量由单引号引起来，字符串常量由双引号引起来。

（2）字符常量只能是单个字符，字符串常量可以含有 0 个或多个字符。

（3）字符常量占用 1 字节。字符串常量所占用字节数等于字符串中的字符数加 1。增加的 1 字节用于存放字符'\0'（ASCII 码为 0），这是字符串结束标志。例如，字符常量'a'和字符串常量"a"虽然都占用 1 字节，但情况是不同的。

'a'占用 1 字节，可以表示为：

a

"a"占用 2 字节，可以表示为：

a	\0

在存储字符串时，末尾自动添加字符串结束标志'\0'。

2.2.6 枚举类型数据

枚举类型是计算机编程语言中的一种数据类型。在实际问题中，有些变量的取值被限定在一个有限的范围内。例如，一个星期只有 7 天，一年只有 12 个月，一个班每周有 6 门课程等。如果把这些量说明为整型或字符型显然是不妥当的。为此，C 语言提供了一种枚举类型。在枚举类型的定义中列举出所有可能的取值，用于说明该枚举类型变量的取值不能超过定义的范围。应该说明的是，枚举类型是基本类型，而不是构造类型，因为它不能被再分解为任何基本类型。

其一般形式为：

```
enum 枚举名
{
    枚举值表
};
```

在枚举值表中应罗列出所有可用值。这些值也称枚举元素。

例如：

```
enum weekday
{
    Mon, Tues, Wed,  Thurs, Fri, Sat, Sun
};
```

该枚举名为 weekday，枚举值共有 7 个，即一周中的 7 天。凡被说明为 weekday 类型变量的取值都只能是 7 天中的某一天。

2.3 运算符和表达式

在 C 语言中，运算符的种类非常多，这些丰富的运算符组成的表达式使 C 语言功能强大。C 语言的运算符有优先级之分，同时具有结合性。而在表达式中，各个运算量参与运算的先后顺序既要遵守运算符优先级的规则，又要遵守运算符结合性的规定，以便确定运算的顺序。

2.3.1 C 语言中的运算符

C 语言中的运算符分为以下几种。

（1）算术运算符：用于各类数值运算，包括加（+）、减（-）、乘（*）、除（/）、求余

（%）、自增（++）、自减（--）7 种。

（2）关系运算符：用于比较运算，包括大于（>）、小于（<）、等于（==）、大于或等于（>=）、小于或等于（<=）和不等于（!=）6 种。

（3）逻辑运算符：用于逻辑运算，包括与（&&）、或（||）、非（!）3 种。

（4）位运算符：参与运算的量按二进制位进行运算，包括按位与（&）、按位或（|）、取反（～）、按位异或（^）、左移（<<）、右移（>>）6 种。

（5）赋值运算符：用于赋值运算，包括简单赋值（=）、复合算术赋值（+=、-=、*=、/=、%=）和复合位运算赋值（&=、|=、^=、>>=、<<=）3 种。

（6）条件运算符（?:）：唯一一个三目运算符，用于条件求值。

（7）逗号（,）：用于把若干表达式组合成一个表达式。

（8）指针运算符：用于取内容和取地址两种运算，包括取内容（*）和取地址（&）两种。

（9）求字节数运算符：用于计算数据类型所占用字节数。

（10）特殊运算符：包括下标（[]）、成员（→，.）等。

2.3.2　算术运算符和算术表达式

1. 算术运算符

（1）加法运算符：双目运算符，即有两个量参与加法运算，如 a+b、4+8 等。也可以作为正值运算符，此时为单目运算符，如+y、+8 等，具有右结合性。

（2）减法运算符：双目运算符，即有两个量参与减法运算，如 a-3、4-b 等。也可以作为负值运算符，此时为单目运算符，如-x、-5 等，具有右结合性。

（3）乘法运算符：双目运算符，具有左结合性。

（4）除法运算符：双目运算符，具有左结合性，当参与运算的量的数据类型均为整型时，结果的数据类型也为整型，结果舍去小数。如果参与运算的量中有一个是实型数据，则结果为双精度实型数据。例如：

```
int  main(void){
   printf("\n\n%d,%d\n",20/7,-20/7);
   printf("%f,%f\n",20.0/7,-20.0/7);
}
```

本例中，20/7 和-20/7 的结果均为整型数据，小数全部舍去。而 20.0/7 和-20.0/7 由于有实型数据参与运算，因此结果也为实型数据。

（5）求余运算符：双目运算符，具有左结合性，参与运算的量的数据类型均为整型。求余运算的结果等于两数相除后的余数。

（6）自增、自减运算符：自增运算符记为++，功能是使变量的值自增 1。自减运算符记为--，功能是使变量的值自减 1。自增、自减运算符均为单目运算符，都具有右结合性。与其他单目运算符不同的是，自增、自减运算符既可以在变量的前面又可以在变量的后面。例如，++i、i++、j--、--j 都是对的，但如果出现在表达式中，那么结果是不一样的。

- ++i：i 自增 1 后参与其他运算。
- --i：i 自减 1 后参与其他运算。
- i++：i 参与运算后，i 的值自增 1。
- i--：i 参与运算后，i 的值自减 1。

在理解和使用上容易出错的是 i++和 i--，特别是当它们出现在比较复杂的表达式或语句中时，常常难以分清，应仔细分析。

```
int i = 1, x;
x = ++i;
printf("x=%d, i=%d", x, i);
```

上述代码的运行结果为：x = 2，i = 2。

x = ++i 等价于 i = i+1;和 x = i;两条语句，表示先进行 i 自增 1 的运算，再将 i 的值赋给变量 x，得到 x 和 i 的值均为 2。

```
int i = 1, y;
y = i++;
printf("y=%d, i=%d", y, i);
```

上述代码的运行结果为：y = 1，i = 2。

y =i++等价于 y = i;和 i = i+1 两条语句;，表示先将 i 的值赋给变量 y，再进行 i 自增 1 的运算，得到 y 和 i 的值分别为 1 和 2。

自减运算符--的用法与自增运算符++的用法完全相同，在此不再举例。

2. 算术表达式及算术运算符的优先级和结合性

表达式是由操作数（常量、变量、函数等）和运算符组合起来的式子。一个表达式的值及类型等于该表达式运算结果的值和类型。表达式的求值过程需要按照运算符的优先级和结合性所规定的顺序进行。

（1）算术表达式。用算术运算符和圆括号将操作数连接起来，且符合 C 语言语法规则的式子被称为算术表达式。例如，a+b、(a*2)/c、(x+r)*8−(a+b)/7、(++i)−(j++)+(k−−)等。

（2）算术运算符的优先级。在 C 语言中，算术运算符的优先级共分为 15 级。1 级最高，15 级最低（具体可参阅附录 B），优先级较高的运算符先于优先级较低的运算符进行运算。

（3）算术运算符的结合性。C 语言中的结合性分为两个方向，即左结合性和右结合性。例如，一般的算术运算符的结合方向是自左至右，即先左后右。如有表达式 x−y+z，则 y 应先与−结合，执行 x−y 的运算，再执行+z 的运算。这种自左至右的结合方向被称为左结合性，而自右至左的结合方向被称为右结合性。典型的右结合性运算符是赋值运算符。如 x=y=z，由于=的右结合性，因此应先执行 y=z 的运算再执行 x=(y=z)的运算。

（4）强制类型转换运算符。其一般形式为：

```
(类型说明符)  (表达式)
```

其功能是把表达式的运算结果的类型强制转换成类型说明符所表示的类型。

例如：

```
(float) a          //把 a 的类型转换为实型
(int)(x+y)         //把 x+y 的结果的类型转换为整型
```

2.3.3　关系运算符和关系表达式

程序中经常需要比较两个量的大小关系。用于比较大小关系的运算符被称为关系运算符。

1．关系运算符及其优先级

C 语言中有以下关系运算符。

（1）小于（<）。

（2）小于或等于（<=）。

（3）大于（>）。

（4）大于或等于（>=）。

（5）等于（==）。

（6）不等于（!=）。

关系运算符都是双目运算符，其结合性均为左结合性。关系运算符的优先级整体低于算术运算符，高于赋值运算符。在 6 种关系运算符中，<、<=、>、>=的优先级相同，高于==和!=，==和!=的优先级相同。

2．关系表达式

关系表达式的一般形式为：

```
表达式 关系运算符  表达式
```

例如，a+b>c+d、x>5、a+1<c、−i−5*j==k+1 等都是合规的关系表达式。关系表达式允许出现嵌套的情况，如 a>(b>c)、a!=(c==d)等。

关系表达式的值有“真”和“假”，用“1”和“0”表示。例如，5>0 的值为“真”，即 1。又如，(a=3)>(b=5)，由于 3>5 不成立，因此其值为“假”，即 0。

【例 2.2】 计算以下关系表达式的值。

```
main()
{
    char c='k';
    int i=1,j=2,k=3;
    float x=3e5,y=0.85;  //x=3*10^5
    printf("%d,%d\n",'a'+5<c,-i-2*j>=k+1);
    printf("%d,%d\n",1<j<5,x-5.25<=x+y);
    printf("%d,%d\n",i+j+k==-2*j,k==j==i+5);
}
```

程序运行结果如图 2-3 所示。

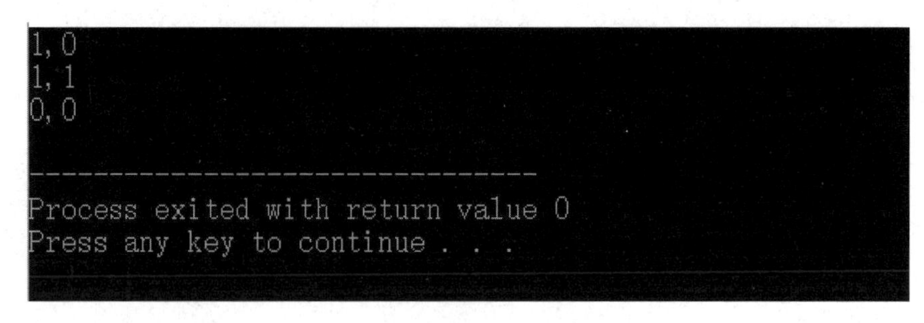

图 2-3　例 2.2 运行结果

本例求出了各种关系运算的值。字符变量是以它对应的 ASCII 码参与运算的。对于表达式'a'+5>c，先计算字符'a'对应的 ASCII 码加上 5，等于字符'f'，再判断'f'<c，其中变量 c 的值为字符'k'，故该表达式的值为 1。-i-2*j>=k+1，先计算左侧表达式-i-2*j 的值，分别代入变量 i、j 的值，计算出左侧表达式的结果为-5，再计算右侧表达式 k+1 的值，结果为 4，故该表达式的值为 0。

对于含有多个关系运算符的表达式，如 k==j==i+5，根据运算符的左结合性，先计算 k==j，因该式不成立，故值为 0，再计算 0==i+5，因该式也不成立，故表达式的值为 0。

2.3.4　逻辑运算符和逻辑表达式

微课视频

1．逻辑运算符及其优先级

C 语言提供了以下 3 种逻辑运算符。

（1）与（&&）。

（2）或（||）。

（3）非（!）。

&&和||均为双目运算符，具有左结合性。!为单目运算符，具有右结合性。逻辑运算符和其他运算符优先级的关系如图 2-4 所示。

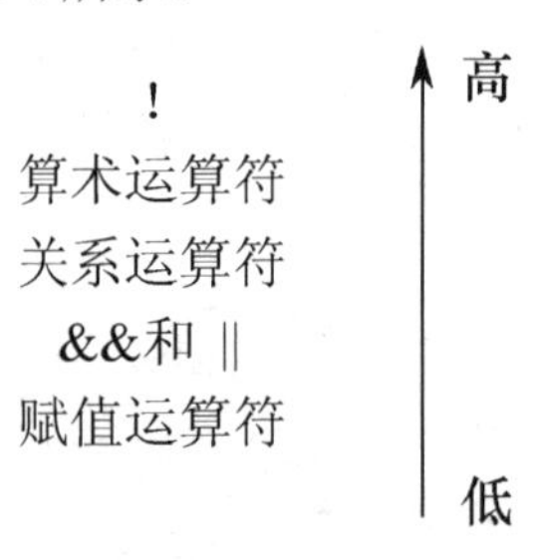

图 2-4　逻辑运算符和其他运算符优先级的关系

&&和||的优先级低于关系运算符，! 的优先级高于算术运算符。

按照运算符的优先级顺序可以得出以下 3 个结论。

- a>b && c>d 等价于(a>b)&&(c>d)。
- !b==c||d<a 等价于((!b)==c)||(d<a)。
- a+b>c&&x+y<b 等价于((a+b)>c)&&((x+y)<b)。

2. 逻辑运算的值

逻辑运算的值有“真”和“假”两种，用 1 和 0 来表示。其求值规则如下。

（1）与运算：只有参与运算的两个量都为“真”时，结果才为“真”，否则结果为“假”。例如，5>0 && 4>2，由于 5>0 为“真”，4>2 也为“真”，因此整个运算的结果也为“真”。

（2）或运算：参与运算的两个量只要有一个为“真”，结果就为“真”。当参与运算的两个量都为“假”时，结果为“假”。例如，5>0||5>8，由于 5>0 为“真”，因此整个运算的结果也为“真”。

（3）非运算：当参与运算的量为“真”时，结果为“假”；当参与运算的量为“假”时，结果为“真”。例如，!(5>0)，由于 5>0 为“真”，因此整个运算的结果为“假”。

3. 逻辑表达式

逻辑表达式的一般形式为：

```
表达式　逻辑运算符　表达式
```

其中的表达式也可以是逻辑表达式，从而组成嵌套的情形。例如，(a&&b)&&c，根据逻辑运算符的左结合性，也可以写为 a&&b&&c。

逻辑表达式的值是式中各种逻辑运算的最终值，1 和 0 分别代表“真”和“假”。

【例 2.3】 计算以下逻辑表达式的值。

```
main()
{
    char c='k';
    int i=1,j=2,k=3;
    float x=3e+5,y=0.85;
    printf("%d,%d\n",!x*!y,!!!x);
    printf("%d,%d\n",x||i&&j-3,i<j&&x<y);
    printf("%d,%d\n",i==5&&c&&(j=8),x+y||i+j+k);
}
```

程序运行结果如图 2-5 所示。

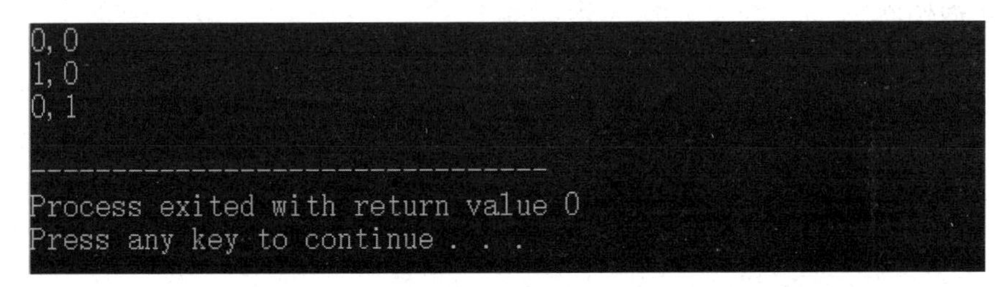

图 2-5 例 2.3 运行结果

本例中，因为!x 和!y 的值均为 0，所以!x*!y 的值也为 0，输出值为 0。由于 x 非 0，因此!!!x 的值为 0。对于 x|| i && j−3，由于 j−3 的值非 0，i && j−3 的值为 1，因此整个表达式的值为 1。对于 i<j&&x<y，由于 i<j 的值为 1，而 x<y 的值为 0，因此整个表达式的值为

0。对于 i==5&&c&&(j=8)，由于 i==5 为“假”，即 i==5 的值为 0，因此整个表达式的值为 0。对于 x+ y||i+j+k，由于 x+y 的值非 0，因此整个表达式的值为 1。

2.3.5 赋值运算符和赋值表达式

1．赋值运算符和赋值表达式的定义

简单赋值运算符和赋值表达式：简单赋值运算符记为=；由=连接的式子被称为赋值表达式。

赋值表达式的一般形式为：

```
变量=表达式
```

例如：

```
x=a+b
w=sin(a)+sin(b)
y=i+++--j
```

赋值表达式的功能是计算表达式的值并将该值赋给左侧的变量。赋值运算符具有右结合性。

因此：

```
a=b=c=5
```

可以理解为：

```
a=(b=(c=5))
```

在其他高级语言中，赋值构成了一个语句，被称为赋值语句。而在 C 语言中，把=定义为运算符，组成了赋值表达式。凡是表达式可以出现的地方均可以出现赋值表达式。

例如，x=(a=5)+(b=8)是合规的。它的意义是先把 5 赋予 a，把 8 赋予 b，再把 a 与 b 相加，将和赋予 x，x 应为 13。

2．类型转换

如果赋值运算符两侧的类型不相同，那么系统将自动进行类型转换，即把赋值运算符右侧的类型转换成左侧的类型，具体规定如下。

（1）将实型赋予整型，舍去小数部分。

（2）将整型赋予实型，数值不变，但将以整型常量形式存放，即增加小数部分（小数部分的值为 0）。

（3）将字符型赋予整型，由于字符型数据占用 1 字节，而整型数据占用 2 字节，因此将字符的 ASCII 码放到整型数据的低八位中，高八位全部为 0。

（4）将整型赋予字符型，只把低八位赋予字符型数据。

例如：

```
int a1,a2,b=322;
```

```
float x,y=8.88;
char c1='k',c2;
a1=y;   //a1 为整型变量，赋予实型变量 y 值 8.88 后只取整数 8
x=b;    //x 为实型变量，赋予整型变量 b 值 322 后增加了小数部分
a2=c1;  //字符变量 c1 赋予 a2 后变为整型变量 107
//整型变量 b 赋予 c2 后取低八位成为字符变量（b 的低八位为 01000010 即十进制数 66）
c2=b;
```

2.4　C 语言中的语句

2.4.1　C 语言中的语句的分类及作用

C 语言中的语句可以分为以下 5 种。

- 表达式语句。
- 函数调用语句。
- 控制语句。
- 复合语句。
- 空语句。

1. 表达式语句

表达式语句由表达式加上分号组成。其一般形式为：

```
表达式;
```

执行表达式语句就是计算表达式的值。

例如：

```
x=y+z;  //赋值语句
i++;    //自增语句，将 i 值取出增加 1 后送回
```

2. 函数调用语句

函数调用语句由函数名、实参列表加上分号组成。其一般形式为：

```
函数名(实参列表);
```

执行函数调用语句就是执行函数体，将实参赋予函数定义中的形参，并执行被调函数体中的语句，求函数的返回值。

例如：

```
printf("C Program");//调用标准库函数，输出字符串
```

3. 控制语句

控制语句是用来控制程序流程的，以实现程序的各种结构。它们由特定的语句定义符组成。C 语言中有以下 3 类控制语句。

（1）条件判断语句：if-else 语句、switch 语句。
（2）循环执行语句：do-while 语句、while 语句、for 语句。
（3）转向语句：break 语句、continue 语句、return 语句。

4．复合语句

用花括号把两条及两条以上的语句括起来即可组成复合语句，复合语句在语法上是一条语句而不是多条语句。例如：

```
{ x=y+z;
  a=b+c;
  printf("%d%d", x, a);
}
```

上述语句在语法上相当于一条语句。

5．空语句

只由分号组成的语句被称为空语句。空语句执行时什么都不做，一般可以作为空循环体。

例如：

```
while(getchar()!='\n')
    ;
```

上述语句的功能是若输入的不是回车符，则重新输入，这里的循环体为空语句。

2.4.2 赋值语句

赋值语句是由赋值表达式加上分号构成的语句。其一般形式为：

```
变量=表达式;
```

赋值语句的功能和特点与赋值表达式相同，都是将表达式的值送入变量，是程序中使用比较多的语句之一。其在使用过程中需要注意的事项如下。

（1）=右侧的表达式也可以是赋值表达式，这是一种赋值嵌套的情形。

下面的形式是成立的：

```
变量=(变量=表达式);
```

其展开之后的一般形式为：

```
变量=变量=…=表达式;
```

例如：

```
a=b=c=d=e=10;
```

根据赋值运算符的右结合性可知，上式等价于：

```
    e=10;
    d=e;
    c=d;
    b=c;
    a=b;
```

（2）赋值语句必须以分号结尾，而为变量赋初值则是变量解释说明的一部分，赋初值后的变量与其后的其他同类变量之间需要用逗号隔开。赋值表达式是一种表达式，可以出现在任何允许表达式出现的地方，而赋值语句则不能。

例如：

```
int x=1,y=2,z;          //为变量赋初值
z=x+y;                  //赋值语句
```

2.5　数据的输入/输出

C 语言程序中数据的输入/输出是针对以计算机为主体而言的，使用计算机向显示器等设备上传送信息被称为输出，使用键盘等向计算机传送信息被称为输入。由于 C 语言本身不提供输入/输出语句，因此数据的输入/输出操作都是由标准库函数来实现的。标准库提供了一些输入/输出函数，如常用的 printf()函数和 scanf()函数等。在需要使用 C 语言标准库函数时，要先用预编译命令#include 将相关的头文件包括到源文件中。因为数据的标准输入/输出标准库函数的头文件是 stdio.h，所以要使用预编译指令#include <stdio.h>或#include"stdio.h"。

stdio.h 头文件中包含了与标准输入/输出库有关的变量定义、宏定义，以及函数的声明。其中，stdio 意为 standard input &output。考虑到 printf()函数和 scanf()函数使用频繁，为了便于应用，系统允许在使用这两个函数时不加预编译命令#include< stdio.h >或#include"stdio.h"。

2.5.1　printf()函数输出数据

scanf()函数和 printf()函数是 C 语言中主要的输入/输出函数，并且都是格式输入/输出函数。用户在使用这两个函数时，需要指定输入/输出数据的格式，不同类型的数据需要指定不同的格式。printf()函数主要用于将若干任意数据输出到终端显示器屏幕上，在前面的例子中已多次使用过这个函数。

printf()函数是一个标准库函数。其一般形式为：

```
printf("格式控制",输出列表);
```

其中，圆括号中的内容包含以下两部分。

“格式控制”用来指定输出格式的一个字符串，如%d、%c。此格式控制字符串包含格式声明和普通字符，格式声明用来指定输出数据的格式。例如：

%d 表示按十进制整型输出。

%ld 表示按十进制长整型输出。

%f 表示按小数形式单、双精度整型输出。

%c 表示按字符型输出。

%s 表示按字符串型输出。

普通字符即需要在输出时原样输出的字符，在显示中起提示作用。

“输出列表”是程序中需要输出的一些数据，可以是常量、变量或表达式。“输出列表”的输出项与格式控制字符串在数量和类型上应该一一对应。

例如：

```
printf("%d,%c",i,c);
```

【例 2.4】 分析下面程序的运行结果。

```
int main()
{
    int a=48,b=49;
    printf("%d %d\n",a,b);      //输出两个整数，中间以空格分开
    printf("%d,%d\n",a,b);      //输出两个整数，中间以逗号分开
    printf("%c,%c\n",a,b);      //输出 ASCII 码对应的两个字符，中间以逗号分开
    printf("a=%d,b=%d",a,b);    //按照 a=48，b=49 的格式输出
}
```

程序运行结果如图 2-6 所示。

```
48 49
48,49
0,1
a=48,b=49
--------------------------------
Process exited with return value 0
Press any key to continue . . .
```

图 2-6 例 2.4 运行结果

本例中，按不同格式 4 次输出了 a 和 b 的值，由于格式不同，因此输出的结果也不相同。仔细观察运行结果会发现，数据输出的格式是与格式控制字符串一一对应的。

printf()函数中常用的格式控制字符和附加字符如表 2-4、表 2-5 所示。

表 2-4 printf()函数中常用的格式控制字符

格式控制字符	说　明
d	以十进制形式输出带符号整数（正数不输出符号）
o	以八进制形式输出无符号整数（不输出前缀 0）
x,X	以十六进制形式输出无符号整数（不输出前缀 0x）
u	以十进制形式输出无符号整数
f	以小数形式输出单、双精度整型常量
e,E	以指数形式输出单、双精度整型常量
g,G	以%f 和%e 中较短的输出宽度输出单、双精度整型常量
c	输出单个字符
s	输出字符串

表 2-5　printf()函数中常用的附加字符

附 加 字 符	说　　明
l	长整型常量，可以加在格式字符 d、o、x、u 前面
m（代表一个正整数）	数据的最小宽度
n（代表一个正整数）	对整型常量表示输出 n 位小数；对字符串表示截取的字符个数
-	输出的数字或字符在域内左对齐

格式控制字符串的一般形式为：

```
% 附加字符 格式控制字符
```

2.5.2　scanf()函数输入数据

scanf()函数是 C 语言中常用的格式输入函数，用于将数据按用户指定的格式输入到指定的变量中。

scanf()函数的一般形式为：

```
scanf("格式控制", 地址列表);
```

其中，“格式控制”的作用与 printf()函数中“格式控制”的作用相同。“地址列表”由若干变量的地址或者字符串的首地址组成，变量的地址由&得到。例如，&a 和&b 分别表示变量 a 和变量 b 的地址。

这个地址是系统在内存中为变量 a 和变量 b 分配的地址。应注意区分变量的值和变量的地址这两个不同的概念。变量的地址是 C 语言系统自动分配的内存地址，不必关心具体的地址是什么，通常关注的是变量的值。

在使用 scanf()函数时应注意以下两个问题。

（1）scanf()函数中的“地址列表”应该是变量的地址，而不是变量名。若 a 和 b 为整型变量，则当需要输入二者的值时，必须写成：

```
scanf("%d%d",&a,&b);
```

而不是写成：

```
scanf("%d%d",a,b);
```

（2）如果在格式控制字符串中除格式声明外还有其他字符，则在输入数据时需要在对应的位置输入与这些字符相同的字符。例如：

```
scanf("a=%d,b=%d",&a,&b);
```

在输入数据时，需要输入以下字符：

```
a=1, b=2↙
```

2.5.3 字符的输入/输出

C 语言中的字符同样可以使用 printf()函数和 scanf()函数输出和输入。除此之外，C 语言标准库中还提供了一些专门用于输入/输出字符的函数，下面分别进行介绍。

1．putchar()函数

putchar () 函数的一般形式为：

```
putchar();
```

putchar()函数的功能是在显示器上输出字符。

【例 2.5】 先后输出 d、o、g 三个字符变量。

先定义 3 个字符变量，并分别为其赋初值'd'、'o'、'g'，再用 putchar()函数输出这 3 个字符变量的值。

```
#include <stdio.h>
int main()
{
    char a='d',b='o',c='g';
    putchar(a);
    putchar(b);
    putchar(c);
    putchar('\n');
    return 0;
}
```

程序运行结果如图 2-7 所示。

```
dog

--------------------------------
Process exited with return value 0
Press any key to continue . . .
```

图 2-7 例 2.5 运行结果

由上例可以看出，putchar()函数既可以在显示器上输出可见字符，又可以输出控制字符，如 putchar('\n')就输出了一个换行符，使光标从当前位置移动到下一行的开头。

2．getchar()函数

getchar()函数的一般形式为：

```
a=getchar();
```

getchar()函数的功能是使用键盘在计算机上输入字符，并将这个字符存入 a。

【例 2.6】 实现通过键盘输入 d、o、g 三个字符变量，并将它们输出，在显示器上显示。

先调用 3 次 getchar()函数，使用键盘在计算机上输入 d、o、g 三个字符变量，再用 putchar()函数输出这 3 个字符变量的值。

```
#include <stdio.h>
int main()
{
    char a, b, c;
    a=getchar();
    b=getchar();
    c=getchar();
    putchar(a);
    putchar(b);
    putchar(c);
    putchar('\n');
    return 0;
}
```

程序运行结果如图 2-8 所示。在连续输入 d、o、g 三个字符变量并按 Enter 键后，d、o、g 三个字符变量将被传送到计算机上。

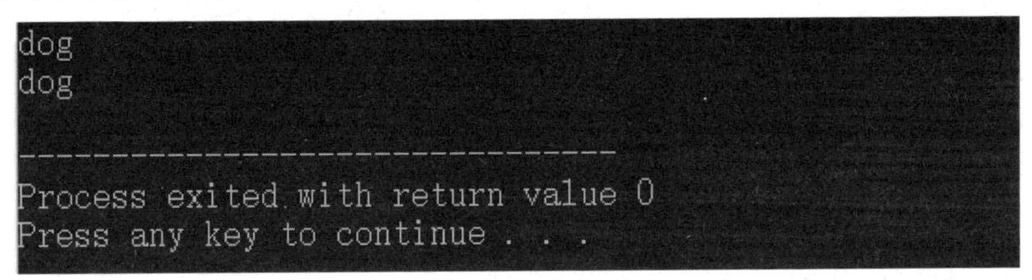

图 2-8　例 2.6 运行结果

本章小结

本章主要介绍了顺序结构程序举例、数据的表现形式、运算符和表达式、C 语言中的语句及数据的输入/输出。

（1）C 语言中的数据类型如图 2-9 所示。

（2）在运算逻辑表达式时，应注意如果在某一步已得到了整个表达式的结果，那么后面的部分将不再进行计算。例如，对于表达式 c=b&&++a;，如果 b 为 0，那么++a 将不再进行计算，结果为原值。

（3）printf()函数与 scanf()函数是通用的输入/输出函数。它们可以使用各种格式分别实现数据的输出/输入操作。它们位于 stdio.h 头文件中。比较简单的字符输入/输出函数是 getchar()函数和 putchar()函数，二者的作用分别是使用键盘在计算机上输入字符和在显示器上输出字符。

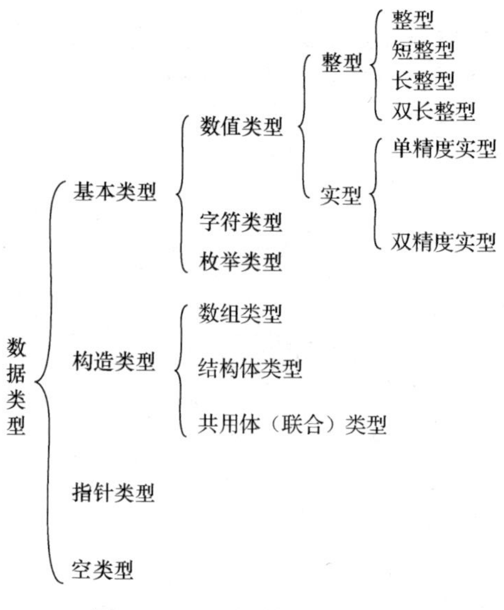

图 2-9　C 语言中的数据类型

习题 2

一、选择题

1．下列赋值语句中正确的是（　　）。

A．x+y=30;　　B．y=π*r*r;　　C．y=x+30;　　D．3y=x;

2．下列程序的输出结果是（　　）。

```
int a=1234;
float b=123.456;
double c=12345.54321;
printf("%2d, %3.2f, %4.1f", a, b, c);
```

A．无输出　　B．12,123.46,12345.5

C．1234,123.46,12345.5　　D．1234,123.45,1234.5

3．若定义 c 为字符变量，则下列语句中正确的是（　　）。

A．c='97';　　B．c="97";　　C．c=97;　　D．c="a";

4．以下程序的功能是，输入数据后计算圆的面积。

```
#include <stdio.h>
void main()
{
    int r;
    float s;
    scanf("%d",&r);
    s=p*r*r;
```

```
    printf("s=%f\n",s);
}
```

程序在编译时出错，出错的原因是（　　）。

A．注释语句书写位置错误

B．用于存放半径的变量 r 不应该被定义为整型变量

C．输出语句中格式描述符不合规

D．计算圆的面积的赋值语句中使用了不合规的变量

5．有以下程序：

```
#include <stdio.h>
void main( )
{
    char c1='1',c2='2';
    c1=getchar( ); c2=getchar( ); putchar(c1); putchar(c2);
}
```

运行上述程序时输入 a↙后，以下叙述正确的是（　　）。

A．变量 c1 被赋予字符 a，变量 c2 被赋予回车符

B．程序将等待用户输入第二个字符

C．变量 c1 被赋予字符 a，变量 c2 中仍是原有字符 2

D．变量 c1 被赋予字符 a，变量 c2 中将无确定值

二、填空题

1．为了给 x、y、z 三个变量赋初值 1，正确的赋值语句是______。

2．已知 int k,m=1;，执行语句 k=−m++;后，k 的值是______。（提示：负号与自增运算符同级，结合方向为自右至左。）

3．已知字符 0 的 ASCII 码为 48，若有以下程序：

```
#include <stdio.h>
void main()
{
    char a='1',b='2';
    printf("%c,",b++);
    printf("%d\n",b-a);
}
```

则程序运行结果是______。

4．若有以下程序：

```
#include <stdio.h>
void main()
{
    int m=12,n=34;
    printf("%d%d",m++,++n);
```

```
    printf("%d%d\n",n++,++m);
}
```

则程序运行结果是______。

5．下列程序运行结果是______。

```
int  main()
{
   float x=2.5;
   int y;
   y=(int)x;
   printf("x=%f,y=%d",x,y);
}
```

三、编程题

1．已知 x=3.2，y=7，z=2，计算 $y/3*x-2$ 的值。

2．输入两个整数，将其值交换。

3．把十六进制数 12a 以十进制形式输出。

第3章　选择结构程序设计

本章主要内容

- 选择结构程序举例
- 选择结构和条件判断
- if语句实现选择结构
- 选择结构的嵌套
- switch语句实现多分支选择结构

上一章介绍了顺序结构程序设计，描述了计算机程序顺序执行指令的执行形式，在这一章中，将介绍计算机程序的另一种执行形式，这种执行形式依照某种条件判断下面的部分代码是否执行。在现实生活中，需要按照某种条件触发执行的实际应用情况非常多。当需要按照某种条件执行某些功能时，选择结构能够为计算机程序的执行带来灵活性。

3.1　选择结构程序举例

现实生活中需要判断执行条件的例子非常多。例如，在与人们关系密切的出行方面，购票时常常需要根据某些场景判断车票的价格，对不同的人群有不同的定价策略。举个简单的例子，在中国长途运输的票种中，有针对儿童的儿童票，在售票时，常常会以身高作为衡量标准。日常生活中，类似的情形比比皆是。例如：

- 明天不下雨就去郊游（条件为不下雨）。
- 考试分数小于60分为不及格（条件为考试分数小于60分）。
- 小于或等于20千克的行李免托运费，大于20千克且小于或等于40千克的行李部分按1.5元/千克收费，大于40千克的行李部分按2.0元/千克收费（条件以行李重量达到20千克和40千克为界）。
- 会员消费打八折（条件为会员消费）。
- 红灯停，绿灯行（条件为红绿灯状态）。
- 如果$b^2-4ac<0$，则$ax^2+bx+c=0$无实根（条件为$b^2-4ac<0$）。

又如，判断传进来的参数是否为正数，有以下语句：

```
void check(int x)
{
    /*判断传进来的参数是否为正数*/
    if(x>0)
        printf("%s","传进来的参数是正数");
    else
```

```
        printf("%s","传进来的参数不是正数");
    }
```

在上述代码中，使用 if 条件判断传进来的参数，如果 x>0，则输出“传进来的参数是正数”，反之则输出“传进来的参数不是正数”。这种先根据某个条件进行判断再决定执行哪种代码的程序被称为选择结构程序。起选择作用的语句，被称为选择语句。

实际生活中往往存在选择分支的情况。一般来说，像抛硬币之类的事件存在正面和反面两个分支，像选择出行路径之类的事件，往往存在多个分支。分支的不同，决定着程序的不同行为表现。

C 语言中存在以下两种选择语句。

（1）if 语句。if 语句主要应用在判断条件为一个区间的情况中，一般用于具有两个分支的程序中。

（2）switch 语句。switch 语句主要应用在判断条件为具体值时，常用于具有多个分支的程序中。

上述两个语句都应用选择程序结构，后面章节将从简单的程序开始介绍，先介绍用于实现选择结构的 if 语句，再从双分支程序进行扩展，介绍用于实现多分支选择结构的 switch 语句。

【例 3.1】 根据一元二次方程的求根计算过程，演示如何使用选择结构程序解决实际问题。

求一元二次方程的根，若无实根，则输出说明。

如果要求一元二次方程 $ax^2+bx+c=0$ 的根，则需要判断 b^2-4ac 的值。如果 $b^2-4ac\geqslant 0$，则有实根；如果 $b^2-4ac<0$，则没有实根，根据求根公式进行计算。

算法流程如下。

（1）获得输入的数据，得到 3 个系数，即 a、b、c。

（2）计算判断条件 b^2-4ac 的值。若判断条件 $b^2-4ac<0$，则跳转到步骤（3）；若判断条件 $b^2-4ac\geqslant 0$，则跳转到步骤（4）。

（3）输出“没有实根”。

（4）根据求根公式进行计算，输出一元二次方程的实根。

```
#include<stdio.h>
#include<math.h>    // include 命令包含了 math.h 头文件
int main( )
{
    double a,b,c;   //声明 3 个 double 类型变量，分别为 a、b、c
    double x1,x2;   //声明 2 个 double 类型变量，分别为 x1、x2
    /*输入 3 个系数，注意输入 3 个系数时需按照要求输入，如 1.3:9.7:2.1*/
    scanf("%lf:%lf:%lf",&a,&b,&c);
    /*使用临时变量存放，计算*/
    double tmp =pow(b,2)-4*a*c;     //pow(x,y)函数用来求 x 的 y 次幂(次方)
    if(tmp<0)    //执行算法流程的步骤（2），判断 b²-4*a*c 的值
    {
        printf("no root!\n");       //如果值小于 0，则输出“没有实根”
    }else         //如果值大于或等于 0，则执行以下求根公式
```

```
    {
        double p=-b/(2.0f*a);
        double q=sqrt(tmp)/(2.0f*a);
        x1=p+q;x2=p-q;
        printf("there has roots \n");
        //\t 表示水平制表符，使用\t 相当于按 Tab 键，水平制表符的宽度通常相当于 8 个
        //空格的位置
        printf("x1=%7.2f\tx2=%7.2f\n",x1,x2);
    }
    return 0;
}
```

程序运行结果如图 3-1 所示。

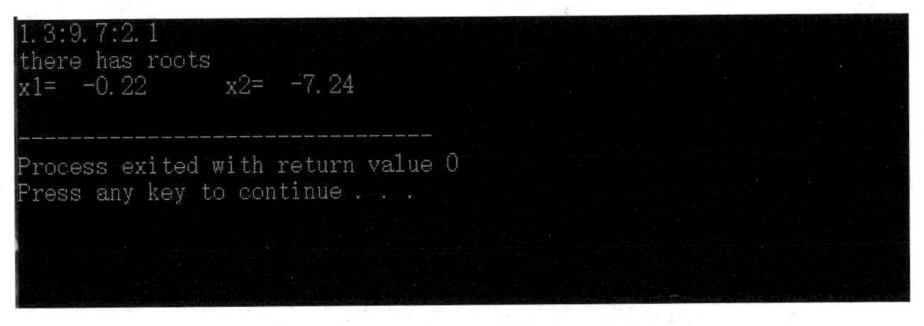

图 3-1　例 3.1 运行结果

上述代码在 Windows 系统中运行是没有问题的，但是在 Linux 系统中运行没有默认连接 math.h 头文件，需要使用 gcc test.c -lm -o test 命令进行编译（注意空格）。在输入过程中，需要注意用英文半角的冒号进行隔断，输入 3 个参数的值后按 Enter 键，输入的参数会在正则表达式%lf:%lf:%lf 的作用下被依次识别到 a、b、c 这 3 个实型变量中。

3.2　选择结构和条件判断

一个选择结构伴随着多个分支，这些分支代表程序执行时在不同条件下表现出不同的行为。下面从一个简单的算法开始讨论分支。

假设一个程序需要输出一个数的绝对值，其算法步骤如下。

（1）从程序外输入整数 x。

（2）判断输入的整数 x 是否小于 0，若小于 0，则执行步骤（3），否则执行步骤（4）。

（3）返回−x。

（4）返回 x。

图 3-2 表达的就是上述算法程序的流程。在选择结构中，x<0（菱形部分），对应的是步骤（2），菱形的左、右侧分别有是、否两条分支，两条分支分别执行对应的两个步骤（是与否箭头指向的长方形部分），这两个步骤分别对应上述步骤（3）、步骤（4）。

由此可知，图 3-2 所示的具体的判断流程为双分支选择结构判断流程，条件判断结果决定着程序的走向。

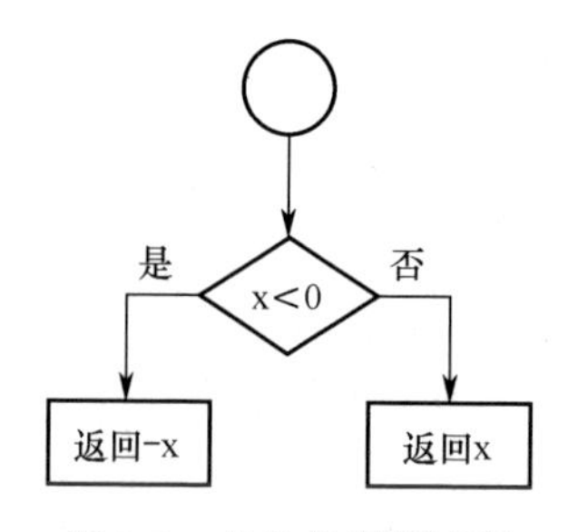

图 3-2　具体的判断流程

计算绝对值的代码如下：

```
int getabs(int x)
{    /*返回传入的参数的绝对值*/
    if(x<0)
       return -x;   //若传入的参数小于 0，则取反
    else
       return x;    //若传入的参数大于或等于 0，则返回值本身
}

void main()
{
    int a;
    /*输入一个整数*/
    scanf("%d",&a);
    a=getabs(a);    //对输入的整数取绝对值
    …
}
```

条件判断对应的代码如下：

```
if(x<0)
```

其双分支选择结构对应的代码如下：

```
/*返回传入的参数的绝对值*/
if(x<0)
   return -x;
else
   return x;
```

上述代码的功能是，若 x<0 的条件为“真”，则返回−x；若 x<0 的条件为“假”，则返回 x。

3.3　if 语句实现选择结构

由例 3.1 可知，在 C 语言中，选择结构一般使用 if 语句来实现，为了更加熟练地使用 if 语句编写程序，下面介绍几个例子。

3.3.1　if 语句实现选择结构举例

【例 3.2】 明天不下雨就去郊游（条件为明天不下雨）。

这个例子可以看成一个自然语言处理中的条件判断，把中文转换为英文，可以暂时忽略字符串的编码格式，降低编写程序的难度。首先，需要获得输入的今天天气描述信息，在程序中使用字符数组变量 str_weather 保存输入内容，然后使用 strcmp()函数（这个函数在 string.h 头文件中声明）进行字符串的判断。假设使用英语单词 rainday 代表下雨，其他英语单词代表不下雨。

这时可以得到算法的步骤如下。

（1）获取天气输入，将输入进来的字符串保存在字符数组变量 str_weather 中。

（2）判断字符数组变量 str_weather 是否不等于 rainday，若为“真”，则执行步骤（3），否则不执行任何操作。

（3）输出“Go for an outing tomorrow!”。

根据以上算法步骤，编写如下代码：

```
#include<stdio.h>
#include<string.h>  /*导入 strcmp()函数*/
int main( )
{
    char str_weather[30];  //声明长度为 30 的字符数组变量 str_weather
    //声明长度为 15 的字符数组变量 rain_day 并为其赋初值 rainday
    char  rain_day[15]="rainday";
    printf("Please enter tomorrow'weather\n");     //输出字符串并换行
    scanf("%s",&str_weather);                      //获取明天的天气情况
    if(strcmp(str_weather, rainday)!=0)            //判断天气条件
    {
        printf("Go for an outing tomorrow!\n");    //输出对应信息
    }
}
```

程序运行结果如图 3-3 所示。

```
Please enter tomorrow'weather
Sunday
Go for an outing tomorrow!

--------------------------------
Process exited with return value 0
Press any key to continue . . .
```

图 3-3　例 3.2 运行结果

上述代码是 if 语句的简单应用。其核心语句为：

```
if(strcmp(str_weather, rain_day)!=0)                   //判断天气条件
{
```

```
        printf("Go for an outing tomorrow!\n");        //输出对应信息
    }
```

其中，strcmp()函数的含义是比较两个字符数组变量中的内容是否相同，如果两个字符数组变量中的内容相同，则返回 0，否则返回 1 或者-1（取决于两个字符数组变量的大小）当输入明天的天气情况为 rainday 时，strcmp()函数返回 0，if 条件语句不成立，此时不输出任何内容，否则输出对应信息。

if 语句可以抽象为：

```
if(<!--判断条件-->)
{
    <!--需要执行的代码步骤-->
}
```

这里可以把 if 语句理解为一个开关，当开关中的判断符合条件（或不符合）时，打开开关，执行需要执行的程序。开关型 if 语句的执行顺序如图 3-4 所示。

在 if 语句的应用中，还存在双分支选择结构。双分支选择结构 if 语句的执行顺序如 图 3-5 所示。

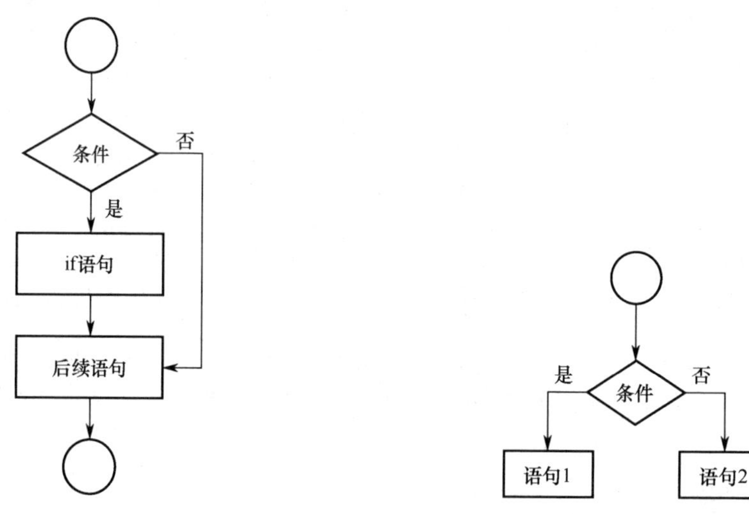

程序举例

图 3-4　开关型 if 语句的执行顺序

图 3-5　双分支选择结构 if 语句的执行顺序

由此可以归纳出 if 语句的一般形式为：

```
if (表达式) 语句 1
    [else 语句 2]
```

其中，“表达式”可以是关系表达式、逻辑表达式，也可以是数值表达式。例 3.1 中的判断条件 tmp<0 便是关系表达式，该表达式的判断结果为“真”或“假”，根据两个不同的结果，决定程序进入不同的分支。若判断结果为“真”，则执行“语句 1”，即图 3-5 中“是”引导的分支。else 语句是可选的，也就是说，它可以有，也可以没有，当判断结果为“假”时，进入图 3-5 中“否”引导的分支，执行“语句 2”。

3.3.2　简单的 if 语句结构

上一节中介绍了 if 语句的一般形式，下面将根据这个一般形式讨论 if 语句简单的应用情形。由于分支结构是可选的，不选也不会影响这个语句的使用，因此下面的代码形式可以单独存在：

```
if(表达式)  语句 1
```

【例 3.3】 考试分数小于 60 分为不及格（条件为考试分数小于 60 分）。

要完成这个条件的判断，不需要涉及分支的处理。忽略算法步骤，得到如下代码：

```
#include<stdio.h>
int main()
{
    int score = 0;              //定义用于存储分数的变量
    printf("Please enter score of a student\n");  //提示用户输入
    scanf("%d",&score);         //获取控制台的用户输入，%d 为整数
    if(score<60){
        printf("failed in this course\n");          //输出不合格信息
    }
}
```

程序运行结果如图 3-6 所示。

```
Please enter score of a student
43
failed in this course

--------------------------------
Process exited with return value 0
Press any key to continue . . .
```

图 3-6　例 3.3 运行结果

需要注意的是，当输入的数值大于或等于 60 时，将得不到输出结果。因为当判断条件成立时，程序将跳过圆括号内的代码，执行后续语句，由于在该程序中，if 语句下面没有其他语句，因此实际上 if 语句执行完成后，程序已经结束。

3.3.3　if-else 语句结构

上面的例子是典型的“如果……，则……”的语境，在这种语境下使用判断语句时呈现出一条分支的特征，但是如果语境发生改变，如添加了其他的“如果……，则……”的判断，那么在程序结构的设计中就不可避免会存在分支。这时判断的结构将变得比较复杂。

【例 3.4】 考试分数小于 60 分为不及格，大于或等于 60 分为及格（条件以考试分数达到 60 分为界）。

此时代码形式为完整的 if-else 语句形式，代码如下：

```
#include<stdio.h>
int main()
{
    int score = 0;                                      //定义用于存储分数的变量
    printf("Please enter score of a student\n");        //提示用户输入
    scanf("%d",&score);                                 //获取控制台的用户输入，%d 为整数
    if(score<60){
        printf("failed in this course\n");//输出不合格信息
    }else{
        printf("pass this course\n");                  //输出合格信息
    }
}
```

程序运行结果如图 3-7 所示。

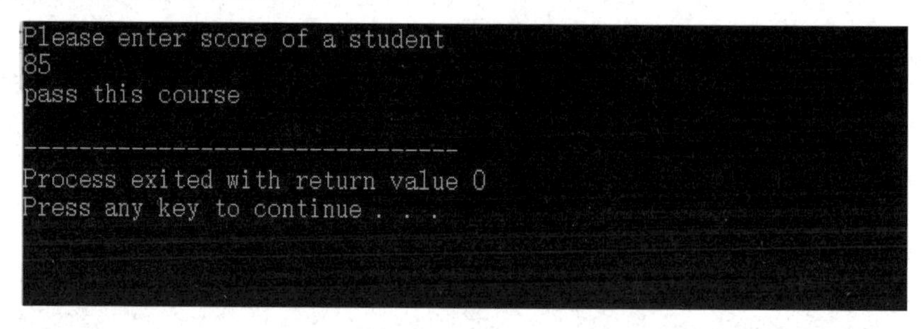

图 3-7　例 3.4 运行结果

需要注意的是，本例和上例是有区别的，由于 if 语句后面跟着一个 else 语句，因此当 if 语句判断条件成立时，将执行 if 语句后面的花括号中的内容，反之，则将执行 else 语句后面的花括号中的内容。因此，无论如何输入，都可以获得输出信息。

3.3.4　if-else-if 语句结构

在一些复杂的判断语境中，简单地使用双分支选择结构并不能很好地解决问题，下面的例子将介绍面对复杂的判断语境时，如何很好地解决问题。

【例 3.5】 考试分数小于 60 分为不及格，大于或等于 60 分且小于 70 分为合格，大于或等于 70 分且小于 80 分为良好，大于或等于 80 分且小于或等于 100 分为优秀（条件以考试分数达到 60 分、70 分、80 分为界）。

这是一个拥有多重判断条件的问题，分析思路如下。

（1）对分数的评价与分数区间有关。

（2）分数区间的边界为具体的某个整数。

（3）分数区间具有“左关右开”的特征，具体为[0,60)、[60,70)、[70,80)、[80,100]。

根据上面的 3 点，可以理清程序的设计思路如下。

（1）选择某个数值进行判断。

（2）将这个数值的左侧视为某个区间，右侧视为多个区间的组合，重复步骤（1）和步

骤（2），对分数区间进行判断。

```
#include<stdio.h>
int main()
{
    int score = 0;              //定义用于存储分数的变量
    printf("Please enter score of a student\n"); //提示用户输入
    scanf("%d",&score);         //获取控制台的用户输入，%d 为整数
    if(score<60){               //判断区间[0,60)
        printf("failed\n");
    }else if(score<70)          //判断区间[60,70)
    {
        printf("normal\n");
    }else if(score<80)          //判断区间[70,80)
    {
        printf("fine\n");
    }else                       //判断区间[80,100]
    {
        printf("very good\n");
    }
}
```

程序运行结果如图 3-8 所示。

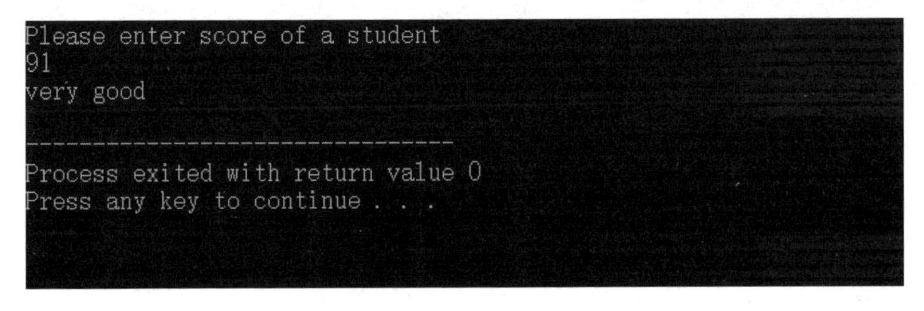

图 3-8　例 3.5 运行结果 1

注意，在程序运行过程中，需要对用户输入的范围进行限定，用户需要输入[0,100]区间内的整数，由 if 语句中的判断条件及题目的语义可以得出。

在判断成绩区间前，可以先进行输入的数值范围检验，代码如下：

```
if(score<0||score>100)       //确保用户输入的数值在对应范围内
{
    printf("error score zone ! please enter value between 0,100 !\n")
}
```

修改后的代码如下：

```
#include<stdio.h>
int main()
{
```

```
    int score = 0;          //定义用于存储分数的变量
    printf("Please enter score of a student\n"); //提示用户输入
    scanf("%d",&score);     //获取控制台的用户输入，%d 为整数
    if(score<0||score>100)  //确保用户输入的数值在对应范围中
    {
      printf("error score zone ! please enter value between 0,100 !\n");
    }
    if(score<60)            //判断区间[0,60)
    {
      printf("failed\n");
    }else if(score<70)      //判断区间[60,70)
    {
      printf("normal\n");
    }else if(score<80)      //判断区间[70,80)
    {
      printf("fine\n");
    }else                   //判断区间[80,100]
    {
      printf("very good\n");
    }
}
```

程序运行结果如图 3-9 所示。

```
Please enter score of a student
101
error score zone ! please enter value between 0,100 !
very good

--------------------------------
Process exited with return value 0
Press any key to continue . . .
```

图 3-9　例 3.5 运行结果 2

3.4　选择结构的嵌套

3.4.1　if 语句的 3 种应用

在 3.3 节中，介绍了 if 语句的几种用法，这几种用法表示了 if 语句应用的灵活性，程序员可以通过这种灵活应用进行不同的切换。例 3.3 是 if 语句的简单应用，也称简化的 if 语句，对应图 3-10（a）。例 3.4 使用了 if-else 语句，也称标准的 if 语句，对应图 3-10（b）。例 3.5 使用了 if-else-if 语句，是在先执行双分支的判断条件后，再在“否”的分支下进行双分支的判断，对应图 3-10（c）。若 if 条件为“真”，则执行对应语句；若 if 条件为“假”，则执行右分支的判断条件，可以多次重复上面的过程。

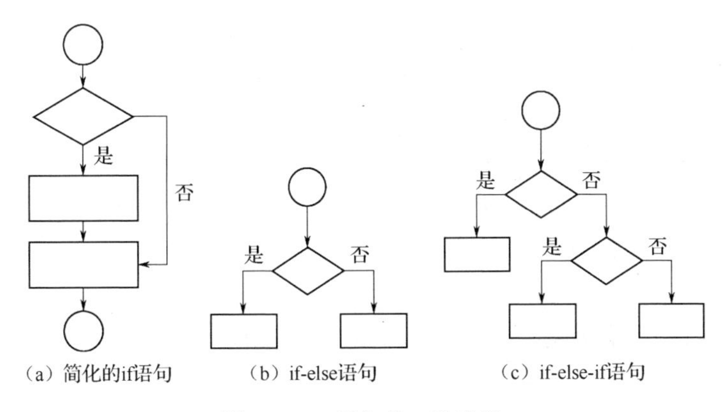

（a）简化的if语句　（b）if-else语句　（c）if-else-if语句

图 3-10　if 语句的 3 种应用

注：本图仅展示程序结构，省略具体语句内容。

3.4.2　if 语句的嵌套

例 3.3、例 3.4、例 3.5 分别介绍了 3 种 if 语句的应用，实际应用中还会有更复杂的情况。图 3-11 描述的复杂应用仅依靠 if-else-if 语句的分支形式无法实现，需要通过 if 语句的组合实现，if 语句的组合也称 if 语句的嵌套。具体的代码如下：

```
if(<!--判断条件 1-->)          //外层 if
{
    if(<!--判断条件 2-->)      //内层 if
    {/*判断条件 2 为真*/}
    else
    {/*判断条件 2 为假*/}

    if(<!--判断条件 3-->)      //内层 if
    {/*判断条件 3 为真*/}
    else
    {/*判断条件 3 为假*/}
}else{…}
```

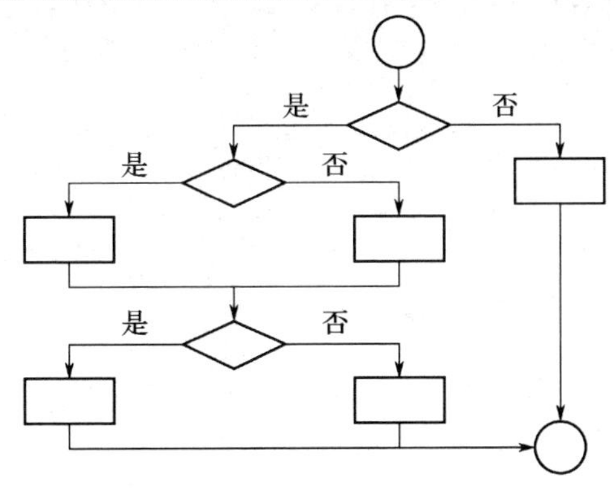

图 3-11　if 语句的嵌套

注：本图仅展示程序结构，省略具体语句内容。

3.4.3　if 语句嵌套的应用

【例 3.6】 有如下复杂的行李托运情景：

小于或等于 20 千克的行李免托运费，大于 20 千克且小于或等于 40 千克的行李部分按 1.5 元/千克收费，大于 40 千克的行李部分按 2.0 元/千克收费（条件以行李重量达到 20 千克和 40 千克为界）。

会员消费打八折（条件为会员消费）。

以上两个限定条件组合成了一个 if 语句嵌套的应用例子。

（1）创建变量 money，使用整型声明。

（2）获得用户输入的行李重量，将其保存到变量 weight 中。

（3）创建会员身份标识 vip，使用整型声明（1 为会员，0 为非会员）。

（4）获取用户输入的行李重量及 vip。

（5）判断 weight 是否大于 20，若是，则执行步骤（6），否则执行步骤（11）。

（6）判断 weight−20 是否大于 20，若是，则执行步骤（7），否则执行步骤（8）。

（7）计算 20 与 1.5 的乘积加上 weight−40 与 2 的乘积的结果，并将结果赋给 money。

（8）计算 weight−20 与 1.5 的乘积的结果，并将结果赋给 money。

（9）判断 vip 的值是否等于 1，若是，则执行步骤（10），否则执行步骤（11）。

（10）计算 money 与 0.8 的乘积的结果，并将结果赋给 money。

（11）输出所需要的运费信息。

```
#include<stdio.h>
int main()
{
int vip;                                //声明 vip
float money=0;                          //声明 money
int weight;                             //声明 weight
printf("please enter weight:");
scanf("%d",&weight);                    //获得用户输入的行李重量
printf("please check is vip or not:0 or 1:");
scanf("%d",&vip);                       //获得用户身份信息
printf("weight=%d,vip=%d\n",weight,vip);
if(weight>20){                          //判断 weight 是否大于 20
        if(weight-20>20){               //判断 weight-20 是否大于 20
            money = (20*1.5)+(weight-40)*2.0f;
        }else{
            money = (weight-20)*1.5f;
        }
        if(vip==1){                     //判断是否执行会员打折方案
            money=money*0.8f;
        }
    }
```

```
    //输出所需要的运费信息
    printf("the financial of package in traffic is %f\n",money);
}
```

程序运行结果如图 3-12 所示。

```
please enter weight:100
please check is vip or not:0 or 1:1
weight=100,vip=1
the financial of package in traffic is 120.000000

--------------------------------
Process exited with return value 0
Press any key to continue . . .
```

图 3-12　例 3.6 运行结果

针对上面的结果进行简单验证。由于是会员，因此可以得到下列计算公式：

$$\text{money} = (20\times 1.5) + (\text{weight} - 40)\times 2\times 0.8$$

代入数值得：

$$\text{money}=(20\times 1.5)+(100-40)\times 2\times 0.8=30+96=126$$

由此可以验算计算结果的正确性。

注意，这里涉及整型与实型数据类型的转换，在 C 语言中，要声明一个常量的数据类型，可以在常量后面加上数据类型相关的缩写。例如，2.0f（单精度型常量），123456789012345L（长整型常量）。if 语句的嵌套特性决定了 if 语句可以进行多重嵌套，但是在实际应用场景中，应该注意设计程序算法流程，在能够使用 if-else-if 语句解决问题时，不建议使用 if 语句的嵌套，使用 if-else-if 语句可以提高代码的可读性。

3.5　switch 语句实现多分支选择结构

程序举例

在日常生活中，针对回答条件是与否的问题，可以使用双分支选择结构解决，但是在逻辑结构中，分支的形式不止双分支。在 C 语言中，可以通过 switch 语句实现多分支选择结构。

例如，监控用户的输入。如果输入为大写的'A'，'B'，'C'，则应将其替换为小写，否则直接返回。

使用 if 语句也可以实现上述功能，但逻辑关系不容易表达清楚，这里不再赘述。用 switch 语句实现上述功能的代码如下：

```
char checkInput(char in)
{
    switch(in) {          //判断输入条件
        case 'A':         //条件值为'A'
```

```
            return 'a';
            case 'B':           //条件值为'B'
            return 'b';
            case 'C':           //条件值为'C'
            return 'c';
        }
        return in;
    }
```

3.5.1 switch 语句的一般形式

switch 语句的一般形式如下：

```
switch(表达式)
{
    case 常量 1：语句 1
    case 常量 2：语句 2
    case 常量 3：语句 3
    …    …    …
    case 常量 n：语句 n
    default：语句 n+1
}
```

使用 switch 语句需要注意以下几点。

（1）“表达式”的数据类型应该为整型、字符型。

（2）花括号中的语句是一个复合语句。意味着包含若干语句，是 switch 语句的语句体。语句体内包含多个以 case 开头的语句行和一个以 default 开头的语句行，case 后面跟着一个常量或常量表达式，在表达式后面需要添加一个冒号。如“case 'A' :”“case 0 :”等。

（3）在执行 switch 语句时，应先计算表达式的值，再将这个值与 case 后面的常量匹配，如果匹配成功，则进入分支语句。

（4）如果这个值与任何 case 后面的常量都不匹配，则执行 default 后面的语句。可以没有 default 及后面的“语句 n+1”，此时，如果这个值与任何 case 后面的常量都不匹配，则不执行任何语句。

（5）每个 case 后面的常量必须互不相同，否则会产生冲突（同值不同的入口冲突）。

（6）case 语句只起标记作用，在执行 switch 语句时，根据表达式的值找到入口，在执行一个 case 语句后会顺序执行下去，直至遇到 break 语句后跳出。

（7）在 case 语句中如果包含一个以上的执行语句，那么可以不必加花括号，会顺序执行程序。当然，加花括号也不会有影响。

（8）多个 case 语句可以共用一个执行语句。例如：

```
case 'A':
case 'B':
case 'C': b++;
```

3.5.2　switch 语句的实际应用

在前面的章节中曾经用 if 语句介绍过成绩分段的例子，执行下面程序的目的是输入一个成绩，判断该成绩的区间。由于成绩的分段之间不存在层级的逻辑关系，同时分为多段，因此可以采用多分支选择结构来编写程序。if 语句适用于区间分段，而 switch 语句只适用于点分段。仔细观察分数分段的结构，即[0,60)、[60,70)、[70,80)、[80,100]，可以发现分段的边界都是 10 的整数倍，利用整数除法的性质进行归一化处理，可以判断表达式及入口常量。

【例 3.7】 使用 switch 语句解决成绩分段评价问题。

```
#include<stdio.h>
int main()
{
    int score=0;
    printf("please enter score of a student\n");  //提示用户输入
    scanf("%d",&score);                 //获取用户输入
    if(score<0&&score>100)              //判断用户输入是否合理
    {
      printf("error score zone!checked between 0 to 100!\n");
    }
    switch(score/10)                    //注意整数除法的细节
    {
      case 0:
      case 1:
      case 2:
      case 3:
      case 4:
      case 5:                           //区间[0,60)
        printf("failed\n");
        break;
      case 6:                           //区间[60,70)
        printf("normal\n");
        break;
      case 7:                           //区间[70,80)
        printf("fine\n");
        break;
      case 8:
      case 9:
      case 10:                          //区间[80,100]
        printf("very good!\n");
        break;
    }
}
```

程序运行结果如图 3-13 所示。

```
please enter score of a student
81
very good!

--------------------------------
Process exited with return value 0
Press any key to continue . . .
```

图 3-13　例 3.7 运行结果

程序的设计思路与整数除法的性质有关。例如，区间[0,60)的实际值区间为 0～59 的整数，使用整数除以 10 的形式，这时能够得到的答案只有 0～5，可以使用 0～5 来代表这个区间，其他情况同理。

注意，当变量 score 的数据类型为实型时，依旧可以使用这种解答逻辑。例如，输入的数为 59.5，除以整数 10，会被强制转换为实型常量 5.95。由于 switch 判断条件的计算数值的数据类型只能为整型，因此 5.95 会由实型常量直接转换为整数，值依旧为 5，整个程序的逻辑并未发生改变。

可以参考以下形式对代码进行修改。

修改前的代码如下：

```
    …
{
    …
    int score=0;
    printf("please enter score of a student\n");  //提示用户输入
    scanf("%d",&score);                           //获取用户输入
    if(score<0&&score>100)                        //判断用户输入是否合理
    {
        printf("error score zone!checked between 0 to 100!\n");
    }
    switch(score/10)                              //注意整数除法的细节
    …
}
```

修改后的代码如下：

```
    …
{
    …
    float score=0;                                //这里的数据类型已经转换成实型
    printf("please enter score of a student\n");
    scanf("%f",&score);
    if(score<0&&score>100)
    {
          printf("error score zone!checked between 0 to 100!\n");
    }
    printf("score/10=%f\n",score/10);
```

```
    switch((int)(score/10))
    …
}
```

程序运行结果如图 3-14 所示。

```
please enter score of a student
59.5
score/10 = 5.950000
failed

--------------------------------
Process exited with return value 0
Press any key to continue . . .
```

图 3-14　修改后的代码的运行结果

【例 3.8】 使用 switch 语句，根据输入的数（0～6），判断当前是星期几。

输入的数是 0～6，分别代表星期天、星期一、星期二……星期六。

```
#include<stdio.h>
int main()
{
    int iwork;  //定义变量 iwork，用来保存输入的数
    printf("请输入 0~6 的值：");
    scanf("%d",&iwork);
    switch (iwork)
    {
    case 0 :
        printf("星期天");
        break;
    case 1 :
        printf("星期一");
        break;
    case 2 :
        printf("星期二");
        break;
    case 3 :
        printf("星期三");
        break;
    case 4 :
        printf("星期四");
        break;
    case 5 :
        printf("星期五");
        break;
    case 6 :
        printf("星期六");
        break;
    default :
```

```
                printf("要输入合理值");
            }
        }
```

程序运行结果如图 3-15 所示。

```
请输入0~6的值: 0
星期天
--------------------------------
Process exited with return value 0
Press any key to continue . . .
```

图 3-15　例 3.8 运行结果

注意，case 语句的末尾一定要有一个 break 语句，否则无法从 switch 语句中跳出。

本章小结

本章主要介绍了 if 语句、if-else 语句、if-else-if 语句和 switch 语句的具体用法。

（1）在 if 语句中，应该注意表达式可以是所有合规表达式。

```
int a=1;
if(a=0) printf("Yes");
else printf("No");
```

（2）在 if 语句的 3 种形式中，如果想要在条件成立时执行一组语句，则必须使用花括号将一个复合语句括起来，但在花括号后面不能加分号。

（3）在使用 switch 语句时应注意，case 后面的各个常量表达式的值不能相同；case 后面允许有多个语句，可以不用花括号括起来；若每个分支后面都有一个 break 语句，则各 case 语句和 default 语句的先后顺序可以变动，不影响程序结果；default 语句可以省略。

习题 3

一、选择题

1．若变量 c 为字符串型数据，则下列选项中能正确判断出变量 c 为数字的表达式是（　　）。

A．'0'<=c<='9'　　　　B．c>='0'&&c<='9'

C．c>=0&&c<='9'　　　　D．c>='0'&c<='9'

2．“if（表达式）”语句中的“表达式”（　　）。

A．必须是逻辑表达式　　　　B．必须是关系表达式

C．必须是逻辑表达式和关系表达式　　　　D．可以是任意合规的表达式

3．C 语言对于嵌套的 if 语句，规定 else 总是匹配（　　）。

A．最外层的 if　　　　B．之前最近的且未配对的 if

C．之前最近的不带 else 的 if　　　　D．最近的花括号之前的 if

4．若有语句 float x=1.5;int a=1,b=3,c=2，则正确的 switch 语句是（　　）。

A．
```
switch(x)
{
    case 1.0:printf("*\n");
    case 2.0:printf("**\n");
}
```

B．
```
switch((int)x);
{
    case 1:printf("*\n");
    case 2:printf("**\n");
}
```

C．
```
switch(a+b)
{
    case 1:printf("*\n");
    case 2+1:printf("**\n");
}
```

D．
```
switch(a+b)
{
    case 1:printf("*\n");
    case c:printf("**\n");
}
```

5．下列程序运行结果是（　　）。

```
#include <stdio.h>
void main()
{
        int a=16,b=21,m=0;
        switch(a%3)
{
        case 0: m++; break;
        case 1: m++;
switch(b%2)
{
        default: m++;
        case 0: m++;break;
}
}
        printf("%d",m);
}
```

A．1　　　　B．2　　　　C．3　　　　D．4

二、填空题

1．若有语句 int i;，则运算表达式 i=4>3>2;后，i 的值为_______。

2．若有语句 int x=1,y=2,z=3，则运算表达式 x<y||++z 后，z 的值是_______。

3．下列程序运行结果是_______。

```
#include <stdio.h>
void main()
{
    char c='d';
    if('m'<c<='z') printf("YES");
    else printf("NO");
}
```

4．下列程序运行结果是________。

```
#include <stdio.h>
void main()
{
    int a=1;
    if(a) printf("YES");
    else printf("NO");
}
```

5．下列程序运行结果是________ 。

```
#include <stdio.h>
void main()
{
    int x=1,y=2,z=3;
    if(x<y)
        if(y<z) printf("%d",++z);
        else printf("%d",++y);
        printf("%d\n",x++);
}
```

三、编程题

1．输入三角形的 3 条边长，求三角形的周长和面积，若不能构成三角形，则输出提示信息。

2．输入 3 个分别表示箱子长度、宽度、高度的整数，判断并输出该箱子是正方体还是长方体。（提示：若长度、宽度、高度相等，则该箱子是正方体。）

3．输入 a 和 b 两个整数，若 $a-b$ 的值大于 0，则输出 $a-b$ 的值，否则输出 $a+b$ 的值。

4．输入 3 个数，求输出其中的最大值。

5．输入一个整数，判断其是奇数还是偶数。

第 4 章　循环结构程序设计

本章主要内容

- 循环结构程序举例
- while 语句实现循环结构
- do-while 语句实现循环结构
- for 语句实现循环结构
- 几种循环结构的比较
- 循环结构的嵌套
- 改变循环执行的状态

对于程序设计的初学者来说，循环结构程序设计在三大结构中是最难掌握的，但是用来表示循环结构的语法并不难掌握，主要是要学会如何运用循环结构程序设计的思想来解决实际问题。本章将通过大量的例子，帮助学生加强对循环结构程序设计的理解。

4.1　循环结构程序举例

在屏幕上依次输出整数 1～20，每两个整数中间空一个格。

使用顺序结构，可以这样解决这个问题：

```
#include<stdio.h>
int main()
{
   printf("1 2 3 4 5 6 7 8 9 10 11 12 13 14 15 16 17 18 19 20");
return 0;
}
```

程序运行结果如图 4-1 所示。

```
1 2 3 4 5 6 7 8 9 10 11 12 13 14 15 16 17 18 19 20
--------------------------------
Process exited with return value 0
Press any key to continue . . .
```

图 4-1　程序运行结果

毫无疑问，这个程序的语法是正确的，编译、运行后可以解决问题。但是这并不是一个好的程序，因为这样的程序有一定的局限性。如果要求输出整数 1～2000，那又该如何编写呢？这时就可以运用循环结构程序设计的思想来解决。

在程序设计中，凡是重复性的工作，都应想办法用循环语句来实现。比如，这个问题的解决思路就应该是从输出 1 开始，每次输出一个比前一个数大 1 的整数，重复循环 20 次。

要使用循环结构解决问题，首先要定义一个循环变量 i，从 1 到 20，循环刚好进行 20 次。i 的初值是 1，当 i 值小于或等于 20 时，输出 i 值，并将 i 值增加 1。由于每次循环使 i 值增加 1，因此 i 值将逐渐增加，当 i 值增加到 21 时，便不再满足 i 值小于或等于 20 的循环条件，循环结束。

【例 4.1】 用 while 语句解决“在屏幕上依次输出整数 1～20”的问题。

```
#include<stdio.h>
int main()
{
    int i;
    i=1;
    while(i<=20)
    {
       printf("%d ",i);
       i++;
    }
    return 0;
}
```

程序运行结果如图 4-2 所示。此处的运行结果与图 4-1 所示的运行结果完全一致。

```
1 2 3 4 5 6 7 8 9 10 11 12 13 14 15 16 17 1
--------------------------------
Process exited with return value 0
Press any key to continue . . .
```

图 4-2　例 4.1 运行结果

通过上述例子可知，在程序中仅仅使用顺序结构和选择结构是远远不够的，还需要用到循环结构。因为在日常生活中或者在处理程序问题时，经常会出现许多需要重复处理的问题。在例 4.1 中可以看到，使用循环结构可以更加方便、简洁地输出整数 1～20。虽然这个问题使用顺序结构也可以解决，但是使用顺序结构存在一个很大的弊端，那就是如果问题中需要输出一个更大范围的整数，如整数 1～20000，那么使用顺序结构的程序就会非常冗长，工作量会明显增大，且不便于阅读与维护。

4.2　while 语句实现循环结构

微课视频

在例 4.1 中使用了 while 语句，while 语句的一般形式是什么？它的执行过程是怎样的呢？它是如何实现循环的呢？

首先，要了解 while 语句的一般形式和执行过程。

while 语句的一般形式为：

```
while (表达式)
    语句
```

while 语句的执行过程是计算表达式的值，如果表达式的值非 0（“真”），那么执行循环体，并再次计算表达式的值，重复执行此过程，直至表达式的值为 0（“假”），结束循环。重复执行的语句被称为循环体，表达式被称为循环判别表达式。while 语句的流程如图 4-3 所示。

【例 4.2】 用 while 语句求 1+2+3+…+100 的值。

本例有一个明显的特征，即重复执行加法操作，这是将 100 个数进行累加的问题。可以使用循环结构来解决这个问题，通过循环执行加法运算，执行 100 次。

下面分析累加的数有什么变化规律。通过观察可以发现，累加的数都有一个规律，就是后一个数等于前一个数加 1。因此，可以在每次运算循环加法的同时，对累加的数进行自增 1 的运算，得到下一个数。

例 4.2 的具体实现流程如图 4-4 所示。

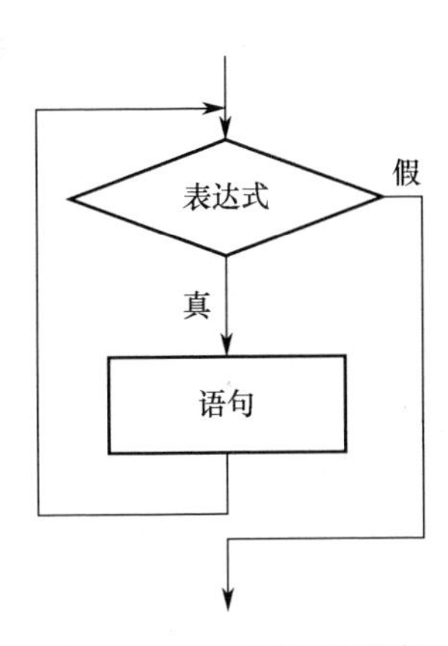

图 4-3　while 语句的流程

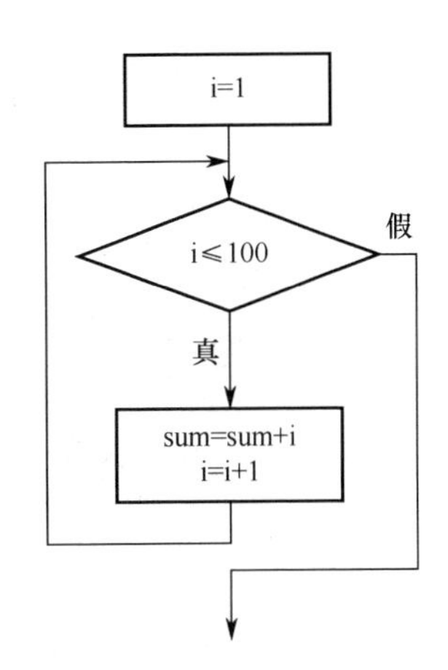

图 4-4　例 4.2 的具体实现流程

```
#include<stdio.h>
int main()
{
    int i,sum=0;
    i=1;                    //初始化变量 i
    while(i<=100)           //判断表达式
        {
          sum=sum+i;        //累加和
          i++;              //进行自增 1 的运算
        }
    printf("%d\n",sum); //输出最后的和的值
    return 0;
}
```

程序运行结果如图 4-5 所示。

```
5050

--------------------------------
Process exited with return value 0
Press any key to continue . . .
```

图 4-5　例 4.2 运行结果

在使用 while 语句时，需要注意以下问题。

（1）要正确控制循环次数。在使用循环结构时，可以通过循环变量来控制循环次数，例 4.1 和例 4.2 都是通过循环变量 i 来控制循环次数的，前者是 20 次，后者是 100 次。

（2）当循环体包含一个以上的语句时，一定要用花括号将其括起来；否则，程序会只将第一条语句作为循环体。

（3）在循环体内必须有使循环趋于结束的语句；否则，可能会无限循环。

微课视频

4.3　do-while 语句实现循环结构

除上一节中介绍的 while 语句外，C 语言还提供了 do-while 语句，用以实现循环结构。

do-while 语句的一般形式为：

```
do
{
    语句
} while 表达式;
```

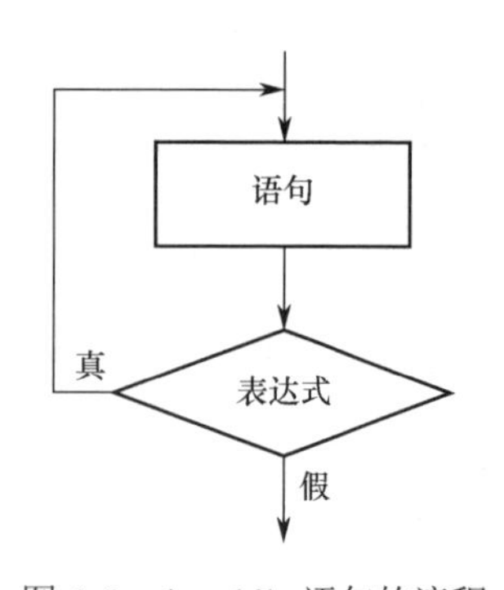

图 4-6　do-while 语句的流程

do-while 语句的执行过程是先执行循环体，再计算表达式的值。如果表达式的值非 0（“真”），则继续执行循环体，直至表达式的值为 0（“假”），结束循环。

do-while 语句的流程如图 4-6 所示。

注意，do-while 语句与 while 语句的区别在于，do-while 语句先执行一次循环体，再进行表达式的判断，循环体中的语句至少要执行一次。在设计程序时，如果不知道重复执行的次数，而且第一次必须执行时，常采用 do-while 语句。

理解了 do-while 语句与 while 语句之间的区别之后，可以将例 4.1 和例 4.2 的程序采用 do-while 语句的形式进行编写。

【例 4.3】 用 do-while 语句解决“在屏幕上输出整数 1～20”的问题。

```
#include<stdio.h>
int main()
{
    int i;
    i=1;
    do
```

```
    {
        printf("%d ",i);     //输出循环变量 i
        i++;                 //进行自增 1 的运算
    }while(i<=20);           //判断表达式
        return 0;
    }
```

程序运行结果如图 4-7 所示。

```
1 2 3 4 5 6 7 8 9 10 11 12 13 14 15 16 17 18 19 20
--------------------------------
Process exited with return value 0
Press any key to continue . . .
```

图 4-7　例 4.3 运行结果

【例 4.4】 用 do-while 语句求 1+2+3+…+100 的值。

例 4.4 的具体实现流程如图 4-8 所示。

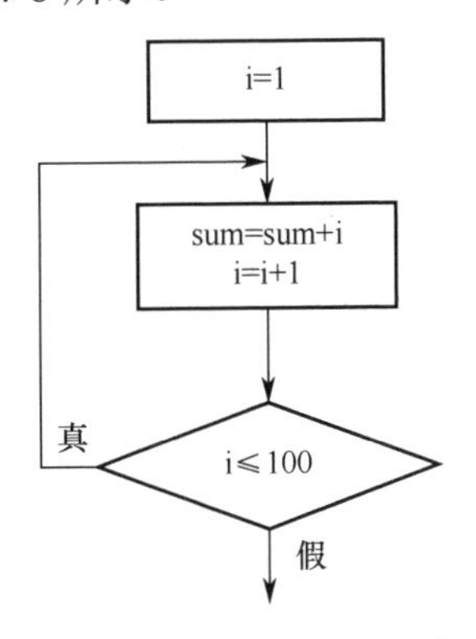

图 4-8　例 4.4 的具体实现流程

```
#include<stdio.h>
int main()
{
  int i,sum=0;
  i=1;
  //先执行循环体，再判断条件，循环体至少执行一次
     do
     {
          sum=sum+i;
         i++;
     } while(i<=100);
  printf("%d\n",sum);
  return 0;
}
```

程序运行结果如图 4-9 所示。

```
5050

--------------------------------
Process exited with return value 0
Press any key to continue . . .
```

图 4-9　例 4.4 运行结果

在使用 do-while 语句时，需要注意以下问题。

（1）为了避免误读，do-while 语句的循环体中即使只有一条语句，也要用花括号括起来。

（2）切勿忘记“while(表达式)”后需要加分号。

4.4　for 语句实现循环结构

除上两节中介绍的 while 语句和 do-while 语句外，C 语言还提供了 for 语句，用以实现循环结构。与 while 语句和 do-while 语句相比，for 语句的使用更加灵活。

for 语句的一般形式为：

```
for(表达式 1;表达式 2;表达式 3)
    语句
```

for 语句的流程如图 4-10 所示。

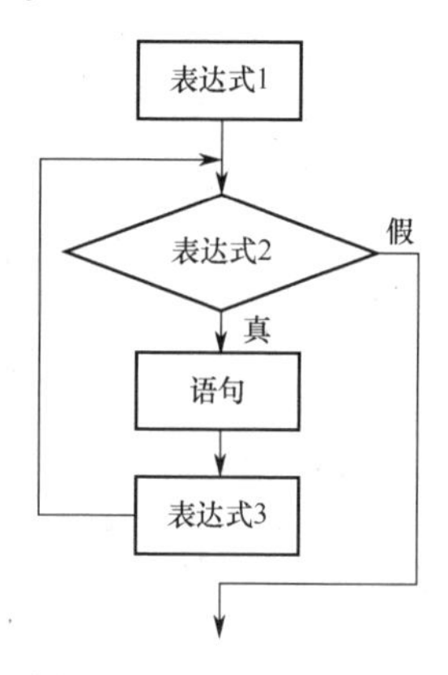

图 4-10　for 语句的流程

从 for 语句的流程中可以看出，for 语句实际等价于下面的 while 语句：

```
表达式 1;
while(表达式 2)
{
    语句;
    表达式 3;
}
```

在 for 语句中，3 个表达式的作用如下。

表达式 1：用于设置初始条件，只执行一次。可以为 0 个、1 个或者多个变量设置初值。

表达式2：循环条件判别表达式，用于判断是否继续循环。每次执行循环体前，先执行此表达式，再决定是否继续执行循环体。

表达式 3：用来设置循环变量的变化并修改循环变量。

由此可知，for 语句的执行过程如下。

（1）计算表达式 1。

（2）计算表达式 2，判断表达式 2 的值是否为“真”，若为“真”，则执行循环体中的语句，跳转到步骤（3）。若为“假”，则结束循环。

（3）计算表达式 3。

（4）跳转到步骤（2）。

【例 4.5】 用 for 语句求 1+2+3+…+100 的值。

```
#include<stdio.h>
int main()
{
    int i,sum=0;
    for(i=1;i<=100;i++)    {
        sum+=i;  //等价于 sum = sum + i
    }
    printf("%d",sum);
    return 0;
}
```

程序运行结果如图 4-11 所示。

```
5050
--------------------------------
Process exited with return value 0
Press any key to continue . . .
```

图 4-11　例 4.5 运行结果

在使用 for 语句时，需要注意以下问题。

（1）表达式 1、表达式 2、表达式 3 都是选择项，可以省略，但分号不能省略。

（2）省略表达式 1，表示不为循环变量赋初值。

（3）省略表达式 2，表示不对循环变量进行检测。注意，这样可能会使循环变为死循环。

例如：

```
for(i=1;;i++) sum=sum+i;
```

相当于：

```
i=1;
while(1)
```

```
        {sum=sum+i;
         i++;}
```

（4）省略表达式3，表示不对循环变量进行修改，这时可以在循环语句中加入修改循环变量的语句。

例如：

```
for(i=1;i<=100;)
    {sum=sum+i;
      i++;}
```

（5）省略表达式 1 和表达式 3，表示不为循环变量赋初值且不对循环变量进行修改。

例如：

```
for(;i<=100;)
    {sum=sum+i;
    i++;}
```

相当于：

```
while(i<=100)
    {sum=sum+i;
     i++;}
```

（6）3 个表达式都省略，表示 while(1)循环。

例如：

```
for(;;)
```

相当于：

```
while(1)
```

（7）表达式 1 可以是用于设置循环变量初值的赋值表达式，也可以是其他表达式。

例如：

```
for(sum=0;i<=100;i++)sum=sum+i;
```

（8）表达式 1 和表达式 3 可以是简单表达式，也可以是逗号表达式。

（9）表达式 2 一般是关系表达式或逻辑表达式，但也可以是数值表达式或字符表达式，只要其值非 0，就执行循环体。

例如：

```
for(i=0;(c=getchar())!='\n';i+=c);
```

又如：

```
for(;(c=getchar())!='\n';)
    printf("%c",c);
```

程序举例

4.5　几种循环结构的比较

while 语句、do-while 语句和 for 语句 3 种循环结构可以用来处理同一个问题，在一般情况下，它们是可以相互替换的。

3 种循环结构具体的语法结构有些不同。比如，在 while 语句和 do-while 语句中，只在 while 后面的圆括号内指定循环条件，若想要使循环能够正常结束，避免出现死循环现象，则应该在循环体中包含可以使循环趋于结束的语句（i++、i--等）。而在 for 语句中无须进行此类操作，因为 for 语句中的表达式 3 就包含了使循环趋于结束的语句。在用 while 语句和 do-while 语句时，循环变量的初始化操作必须在 while 语句和 do-while 语句之前完成。而 for 语句则可以在表达式 1 中实现循环变量的初始化操作。

4.6　循环结构的嵌套

循环结构的嵌套又称多重循环，就是在一个循环体内包含另一个循环体。

while 语句、do-while 语句和 for 语句 3 种循环结构，不仅可以实现自身循环嵌套，而且可以相互嵌套。几种常见的循环嵌套形式如图 4-12 所示。

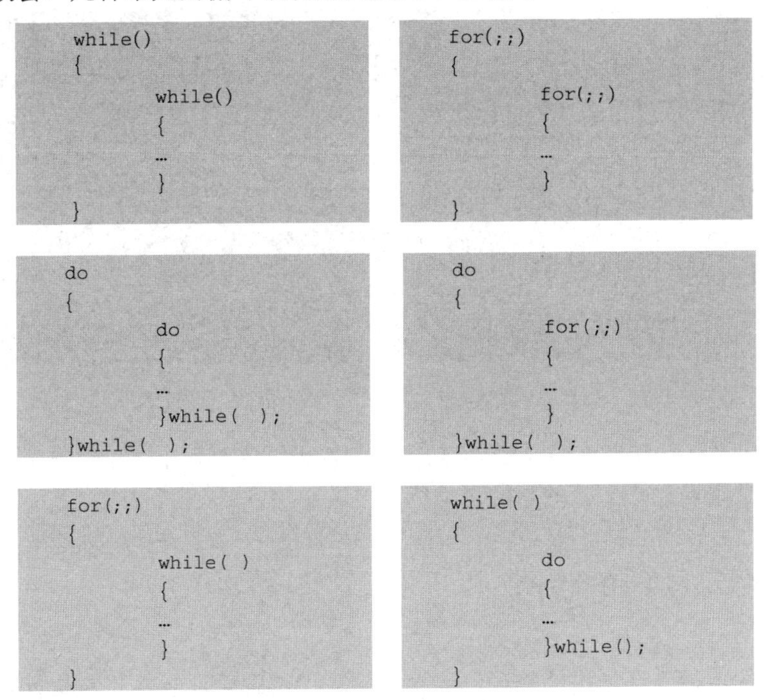

图 4-12　几种常见的循环嵌套形式

【例 4.6】 用 for 循环嵌套输出九九乘法口诀。

考虑一下，为什么需要两个循环嵌套？每个循环各有什么作用？

首先，九九乘法口诀总共 9 行，使用一个循环，这个循环执行 9 次，需要定义一个整型变量，将整型变量定义为 i，将循环语句定义为 1，这是因为九九乘法口诀没有从 0 开始。

其次，分析从第一行到第九行的变化规律。第一行一个式子；第二行两个式子……以此类推，开始数值都为 1。添加一个循环，同样需要一个整型变量。将这个整型变量定义为 j，并为其赋值 1。

最后，使用 printf()函数填充输出语句。printf("%d*%d=%d",i,j,i*j);函数中的%d 表示整型格式化输出，i、j 都是整型变量。

```
#include<stdio.h>
int main()
{
    int i,j;
    for(i=1;i<=9;i++)                          //外循环控制输出 9 行
    {
    for(j=1;j<=i;j++)                          //内循环控制每行输出的式子
        printf("%d*%d=%d\t",i,j,i*j);  //按照九九乘法口诀的格式输出每个式子
    printf("\n");                              //在每行的末尾换行
    }
}
```

程序运行结果如图 4-13 所示。

```
1*1=1
2*1=2   2*2=4
3*1=3   3*2=6   3*3=9
4*1=4   4*2=8   4*3=12  4*4=16
5*1=5   5*2=10  5*3=15  5*4=20  5*5=25
6*1=6   6*2=12  6*3=18  6*4=24  6*5=30  6*6=36
7*1=7   7*2=14  7*3=21  7*4=28  7*5=35  7*6=42  7*7=49
8*1=8   8*2=16  8*3=24  8*4=32  8*5=40  8*6=48  8*7=56  8*8=64
9*1=9   9*2=18  9*3=27  9*4=36  9*5=45  9*6=54  9*7=63  9*8=72  9*9=81

--------------------------------
Process exited with return value 0
Press any key to continue . . .
```

图 4-13　例 4.6 运行结果

注意，在内循环的输出中多了\t。它的含义是水平制表符，作用是使每个式子之间有空隙。在内循环结束后加一个\n 的目的是换行。

4.7　改变循环执行的状态

以上介绍的各种循环结构的例子，均根据事先指定的循环条件正常执行及终止循环。但是在某种情况下，必须提前结束正在执行的循环操作。这时，该如何处理呢？

4.7.1　break 语句提前结束整个循环

在前面介绍 switch 语句时出现过 break 语句。

break 语句的一般形式为：

```
break;
```

break 语句用于 switch 语句中时，将直接跳出 switch 结构。break 语句用于循环体时，将在 break 语句处跳出循环体，从包含它的循环语句（while 语句、do-while 语句、for 语句）中退出，执行循环语句后的下一条语句。

【例 4.7】 全系 1000 名学生进行慈善募捐，当捐款总额达到 10 万元时结束，统计此时捐款人数，以及平均每名学生的捐款额。

显然，这是一个循环事件，可以采用循环结构来处理。本例中，因为全系学生共 1000 名，所以可以设置循环次数的最大值为 1000 次，并在循环捐款过程中累计捐款总额及捐款人数，用 if 语句来检查捐款总额是否已达到 10 万元，在没有达到之前，继续执行循环。当捐款总额达到 10 万元时，便不再执行循环，结束捐款，并且计算平均每名学生的捐款额。

```
#include<stdio.h>
#define sum 100000          //指定符号常量 sum 代表最高捐款总额
int main()
{
    float amount,aver,total=0;
    int i;
    for(i=1;i<=1000;i++)
    {
        printf("please enter amount:");
        scanf("%f",&amount);         //平均每名学生的捐款额
        total+=amount;               //捐款总额
        if(total>=100000) break;     //如捐款总额达到 10 万元，则提前结束整个循环
    }
    aver=total/i;
    printf("num=%d\n aver=%10.2f\n",i,aver);
    return 0;
}
```

程序运行结果如图 4-14 所示。

```
please enter amount:
5000
please enter amount:
6000
please enter amount:
9000
please enter amount:
100000
num=4
 aver=  30000.00

--------------------------------
Process exited with return value 0
Press any key to continue . . .
```

图 4-14　例 4.7 运行结果

注意，break 语句用于提前结束整个循环，整个循环不再继续。

4.7.2 continue 语句提前结束本次循环

循环结构中不仅有用于提前结束整个循环的语句，而且有用于提前结束本次循环的语句。当要提前结束本次循环而继续执行下一次循环时，就需要用到 continue 语句。

continue 语句的一般形式为：

```
continue;
```

continue 语句的功能是使 continue 语句所在的循环体立即结束本次循环而继续执行下一次循环（本次循环中 continue 后面的语句不再执行）。continue 语句用在 while 语句和 do-while 语句中时与用在 for 语句中的功能略有不同。continue 语句用在 for 语句中时，将提前结束本次循环体，但是仍要计算表达式 3。

【例 4.8】 输出 100～200 之间不能被 3 整除的数。

需要对 100～200 之间的每个数都进行检查，如果不能被 3 整除，则将此数输出，否则不输出。此时可以用到 continue 语句，当检查到被 3 整除的数时，就结束本次循环，且不输出该数，继续检查下一个数。

```
#include<stdio.h>
int main()
{
    int n;
    for(n=100;n<=200;n++){ //循环条件 n 从 100 开始到 200 结束，每次递增 1
        //如果 n 能被 3 整除，则结束本次循环而开始下一次循环
        if(n%3==0) continue;
        printf("%d ",n);    //否则，将 n 的值输出，即将所有不能被 3 整除的数输出
    }
return 0;
}
```

程序运行结果如图 4-15 所示。

```
100 101 103 104 106 107 109 110 112 113 115 116 118 119 121 122 124 125 127 128
130 131 133 134 136 137 139 140 142 143 145 146 148 149 151 152 154 155 157 158
160 161 163 164 166 167 169 170 172 173 175 176 178 179 181 182 184 185 187 188
190 191 193 194 196 197 199 200
--------------------------------
Process exited with return value 0
Press any key to continue . . .
```

图 4-15 例 4.8 运行结果

4.7.3 break 语句和 continue 语句的区别

continue 语句只用于提前结束本次循环而不提前结束整个循环。而 break 语句则用于提前结束整个循环，不再执行循环体。

break 语句与 continue 语句的流程如图 4-16 所示。

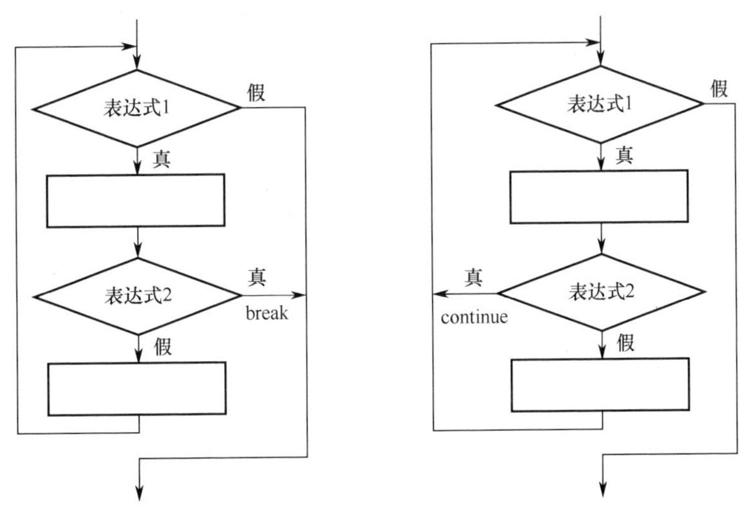

图 4-16　break 语句与 continue 语句的流程

本章小结

本章主要介绍了以下 5 个语句。

（1）while 语句。

while 语句的一般形式为：

```
while(表达式)
        语句
```

执行过程：计算表达式的值，若表达式的值非 0（“真”），则执行循环体；否则结束循环。

（2）do-while 语句。

do-while 语句的一般形式为：

```
do
{
        语句
}while 表达式;
```

执行过程：先执行一次循环体，再计算表达式的值。若表达式的值非 0（“真”），则继续执行循环体；否则，结束循环。do-while 语句的循环体至少被执行一次。

（3）for 语句。

for 语句的一般式为：

```
for(表达式 1;表达式 2;表达式 3)
    语句
```

执行过程：先计算表达式 1，然后计算表达式 2 并判断表达式 2 的值，如果表达式 2 的值非 0（“真”），则执行循环体，继续计算表达式 3，最后重新计算表达式 2 并判断表达式 2 的值，如果表达式 2 的值为 0（“假”），则结束循环。

（4）break 语句与 continue 语句。

break 语句用于 switch 语句时，将直接跳出 switch 结构，执行 switch 后面的语句。break 语句用于循环体时，将在 break 语句处跳出循环体，转向执行循环体后面的语句。

continue 语句用于提前结束本次循环，即不执行循环体中 continue 后面尚未执行的语句，而进行下一次循环。

习题 4

一、选择题

1．若 i, j 已被定义为整型变量，则以下程序中内循环体的总执行次数是（　　）。

```
for (i=5; i; i--)
for (j=0; j<4; j++)  {…}
```

A．20　　B．25　　C．24　　D．30

2．若 i,j,k 均为整型变量，则执行完下面的 for 语句后，k 的值为（　　）。

```
for ( i=0, j=10; i<=j; i++, j--)  k=i+j;
```

A．12　　B．10　　C．11　　D．9

3．当执行以下程序时，（　　）。

```
x= -1;
do {
x=x*x;
} while(!x) ;
```

A．循环体将执行一次　　B．循环体将执行两次

C．循环体将执行无限次　　D．系统将提示有语法错误

4．若有以下程序：

```
int k=0;  while (k=1) k++;
```

则 while 循环执行的次数是（　　）。

A．无限次　　B．有语法错误，不能执行

C．一次也不执行　　D．执行一次

5．while(!e);语句中的条件!e 等价于（　　）。

A．e==0　　B．e!=1　　C．e!=0　　D．～e A

二、填空题

1．循环语句包括________、________和________。

2．重复执行的语句被称为________，表达式被称为________，控制循环次数的变量被称为________。

3．以下程序运行结果是______。

```
#include  <stdio.h>
int main() {
     int s=0,k;
     for (k=7;k>=0;k--)  {
          switch(k)  {
               case 1:
               case 4:
               case 7: s++; break;
               case 2:
               case 3:
               case 6: break;
               case 0:
               case 5: s+=2; break;    }     }
               printf("%d\n",s);
          return  0;}
```

4．以下程序运行结果是____。

```
#include<stdio.h>
     int main(){
          int i=1,s=3;
          do {s+=i++;
               if(s%7==0)continue;
               else  ++i;
          }while(s<15);
          printf("i=%d\n",i);
          return 0;}
```

5．以下程序运行结果是____。

```
#include <stdio.h>
int main() {
int i,j;
for (i=4;i>=1;i--)     {
    printf("*");
    for (j=1;j<=4-i;j++)
        printf("*");
    printf("\n");     }
return 0;}
```

三、编程题

1．输入若干名学生的某门功课的成绩，以-1 作为终止条件，计算并输出平均成绩。

2．如果每年按照年利率 I（2%）投资 S（50000 元），那么在第 Y 年（第 10 年）得到总钱数 M。公式为

$$M=S(1+I)^Y$$

3．输入 m，判断 m 是否为素数（素数的条件：只能被 1 和该数自身整除）。

4．输入两个正整数 m 和 n，求其最大公约数和最小公倍数。

5．求 $\sum_{n=1}^{20} n!$（求 1！+2！+3！+…+20！）。

6．输出 1～1000 中所有的“水仙花数”。“水仙花数”是指一个三位数，其各位数字的立方和等于该数本身。例如，153 是一个“水仙花数”，因为 153=1×1×1+5×5×5+3×3×3。

7．如果一个数恰好等于它的因子之和，那么这个数就被称为“完数”。例如，6 的因子为 1、2、3，而 6=1+2+3，因此 6 是完数。编写程序，找出 1000 以内的所有完数。

8．有一个分数数列：

$$\frac{2}{1},\frac{3}{2},\frac{5}{3},\frac{8}{5},\frac{13}{8},\frac{21}{13}\cdots\cdots$$

求这个分数数列的前 20 项之和。

9．一个球从 100m 高空自由落下，每次落地后反弹原高度的一半，再落下，再反弹。求它第 10 次落地时共经过多少米，第 10 次反弹多高。

10．猴子吃桃问题。猴子第一天摘下若干个桃子，当即吃了一半，还不过瘾，又多吃了一个，第二天早上将剩下的桃子吃掉了一半，又多吃了一个……以后每天早上都吃前一天剩下的一半并多吃一个，到了第十天早上再想吃时，就只剩下一个桃子了。求猴子第一天共摘了多少个桃子。

第 5 章　数　　组

本章主要内容

- 一维数组的定义、引用和初始化
- 二维数组的定义、引用和初始化
- 字符数组的定义、引用和初始化

在前面的章节中出现的程序使用的都是简单数据，也称基本类型（整型、实型、字符型等）数据。在程序设计中，经常需要处理大批量的数据，这些数据是具有内在联系、共同特征的，而不是单一、杂乱的。为此，C 语言提供了构造类型数据，构造类型也称导出类型。C 语言提供的构造类型数据有数组、结构体等。

数组是存储在一片连续存储单元中的一组相同类型变量的集合。在数组中，一组相同类型的变量统一用数组名来标识，多个相同数据类型的变量用下标来区分，数组名是这片连续存储单元的首地址。例如，某个班有 30 名学生，可以用 a_0、a_1、a_2、…、a_{29} 代表这 30 名学生的成绩，a 是数组名，下标代表学生的序号。a_{20} 代表第 21 名学生的成绩。在 C 语言中，通过方括号来代表下标。C 语言中规定，数组的下标从 0 开始，如 a[0]代表第 1 名学生的成绩，a[20]代表第 21 名学生的成绩，a[i]、a[j]均被称为数组元素。

数组按下标可以分为一维数组、二维数组和多维数组。数组按元素的取值类型又可以分为数值数组和字符数组。

本章主要介绍一维数组、二维数组和字符数组的定义、引用和初始化。

5.1　一维数组的定义、引用和初始化

5.1.1　一维数组的定义

数组中的每个元素只带一个下标，这样的数组被称为一维数组。

定义一维数组的一般形式为：

```
数据类型说明符 数组名 [常量表达式];
```

例如：

```
int a[8];
```

上述代码定义了一个整型数组，数组名为 a，数组中有 8 个元素。

定义一维数组的说明如下。

（1）数据类型说明符用来说明数组的数据类型，即数组中元素的数据类型，可以是整型、实型，也可以是其他数据类型。例如，数据类型说明符 int 表明数组 a 中 8 个元素的数据类型是整型。

（2）数组名的命名规则遵循标识符的命名规则，和普通的变量名的命名规则相同。

（3）在定义数组时，需要指定数组元素的个数，其中方括号中的内容只能是整型常量或整型常量表达式，方括号中的值用于指定数组元素的个数。例如，方括号中的 8 规定了数组 a 中有 8 个元素，分别是 a[0]、a[1]、a[2]、a[3]、a[4]、a[5]、a[6]、a[7]。需要注意的是，数组的第一个元素的下标为 0（被称为数组下标的下界），而最后一个元素的下标为 7（被称为数组下标的上界），上述 8 个元素中不存在数组元素 a[8]。

（4）数组名不能与其他变量名相同。例如：

```
#include<stdio.h>
void main()
{
    int b;          //变量名
    int b[10];      //数组名
    …
}
```

上述程序是不合规的程序。

（5）在编译时，数组为数组中的每个元素开辟了一个存储单元，数组所占用字节数=数组元素个数×元素数据类型所占用字节数。例如，数组 a 所占用字节数为 8×4=32 节（Visual C++ 6.0 中的整型数据占用 4 字节）。

（6）允许同时定义多个数组或变量。当同时定义多个数组或变量时，多个数组或变量之间应用逗号隔开。例如：

```
int a,b,c,m[4],s[2+3];
```

5.1.2 一维数组的引用

数组必须先定义，然后才能引用。在 C 语言中，一次只能引用一个数组元素，不能引用全部数组元素。

引用一维数组元素的一般形式为：

```
数组名[下标];
```

其中，“[下标]”是一个整型表达式。x[0]、x[j]、x[i+k]等都是对数组元素的合理引用。但数组下标表达式的值必须大于或等于 0，并且小于或等于数组下标的上界的值。另外，一个数组元素就是一个变量名，代表内存中的一个存储单元。

注意，定义一维数组时的“数组名[常量表达式];”和引用一维数组元素时的“数组名[下标];”是有区别的。例如：

```
int a[8];              //定义数组长度为 8
t=a[5];                //引用数组 a 中序号为 5 的元素，此时 5 不代表数组长度
```

【例 5.1】 对一维数组元素的引用。

```
#include<stdio.h>
main()
{
int i,a[8];
for(i=0;i<=7;i++)   //通过 for 语句给数组元素赋值
a[i]=i;
for(i=7;i>=0;i--)   //通过 for 语句倒序输出数组元素
      printf("%d ",a[i]);
}
```

程序运行结果如图 5-1 所示。

```
7 6 5 4 3 2 1 0
--------------------------------
Process exited after 0.5178 seconds with return value 0
请按任意键继续. . .
```

图 5-1　例 5.1 运行结果

程序使 a[0]～a[7]的值是 0～7，并按相反的顺序输出。值得注意的是，定义的数组是 a[8]，在设置 for 语句的初值和条件时要根据数组元素的下标范围进行设置。例如，例 5.1 中第一个循环的初值被设置为 i=0，循环结束条件被设置为 i<=7。需要注意的是，在定义 for 语句中的循环条件时数组的下标不能越界。

【例 5.2】 计算某名学生 4 门课的平均成绩。用数组 a 存放学生各科成绩，用变量 avg 存放平均成绩。

```
#include<stdio.h>
main()
{
    float a[4],avg;
    a[0]=90;a[1]=75;a[2]=80;a[3]=85;    //分别给 4 个数组元素赋值
    avg=(a[0]+a[1]+a[2]+a[3])/4;        //求 4 个数组元素的平均值
    printf("avg= %f\n",avg);
}
```

程序运行结果如图 5-2 所示。

```
avg= 82.500000

--------------------------------
Process exited after 0.4234 seconds with return value 0
请按任意键继续. . .
```

图 5-2　例 5.2 运行结果

5.1.3 一维数组的初始化

在定义数组时，可以直接为数组元素赋值，即数组的初始化。

初始化一维数组的一般形式为：

```
数据类型说明符 数组名[数组长度]={值 1,值 2,值 3,…,值 n};
```

例如：

```
int a[8]={0,1,2,3,4,5,6,7};
```

初始化一维数组的说明如下。

（1）所赋的值放在花括号中，数据类型必须与所说明的数据类型一致，所赋的值之间用逗号隔开，系统会按赋值顺序自动进行分配。

（2）在赋值时，若花括号中的值的个数少于赋值元素的个数，则将自动为后面的元素赋值 0。

例如：

```
int a[10]={1,2,3};
```

这时除 a[0]=1，a[1]=2，a[2]=3 外，其他数组元素的值都是 0。

数组 a 在内存中的存储状态如图 5-3 所示。

a[0]	a[1]	a[2]	a[3]	a[4]	a[5]	a[6]	a[7]	a[8]	a[9]
1	2	3	0	0	0	0	0	0	0

图 5-3 数组 a 在内存中的存储状态

（3）通过赋初值可以指定数组的大小，这时数组名后的方括号中可以不指定数组的大小，但方括号不能省略。例如：

```
int a[5]={1,1,1,1,1};
```

也可以写成：

```
int a[ ]={1,1,1,1,1};
```

（4）数组在进行初始化时，初值的个数不能大于数组元素的个数，否则会出现错误。例如：

```
int a[5]={1,1,1,1,1,1,1,1};     //这是错误的
```

（5）数组元素只能逐个赋值，不能整体赋值。例如：

```
int a[6]={1,1,1,1,1,1}
```

上述代码表示分别为数组 a[0]～a[5]赋初值 1，不能写成 int a[6]=1;或 int a=1;。

5.1.4 一维数组程序举例

【例 5.3】 编写一个程序，使用键盘为数组 a 中的 5 个元素赋初值。

```
#include <stdio.h>
main()
{
    int a[5];
    int i;
    for(i=0;i<5;i++)      //使用 for 语句为数组元素赋初值并输出数组元素的值
    {
        scanf("%d",&a[i]);
        printf("a[%d]=%d",i,a[i]);
    }
}
```

程序运行结果如图 5-4 所示。

```
9
a[0]=9
8
a[1]=8
7
a[2]=7
6
a[3]=6
5
a[4]=5
--------------------------------
Process exited after 31.69 seconds with return value 0
请按任意键继续. . .
```

图 5-4　例 5.3 运行结果 1

由该程序运行结果可以看出，该程序通过一个 for 语句给数组元素 a[5]一边赋值一边输出。例如，输入一个数值 9，在给数组元素 a[0]赋值时按 Enter 键，就会输出 a[0]=9，下面依次给数组元素赋值并依次输出数组元素的值。

依次输入 9、8、7、6、5、4 后按 Enter 键，程序运行结果如图 5-5 所示。

```
9 8 7 6 5 4
a[0]=9 a[1]=8 a[2]=7 a[3]=6 a[4]=5
--------------------------------
Process exited after 4.68 seconds with return value 0
请按任意键继续. . .
```

图 5-5　例 5.3 运行结果 2

可以发现，数组 a[5]只接收到 9、8、7、6、5 这 5 个值，最后一个值 4 被舍弃了。在编写程序时需要注意，scanf()函数在遇到 Enter 键、空格键、Tab 键时会结束一次输入。

【例 5.4】 用数组求斐波那契数列的前 20 项（1,1,2,3,5,8,13,21……）并输出数据，每输出 5 个数据换一行。

```
#include<stdio.h>
main()
{
    int i;
    int f[20]={1,1};     //定义并初始化一维数组，使 f[0]=1，f[1]=1，其余元素为 0
    for(i=2;i<20;i++)
       f[i]=f[i-2]+f[i-1];       //数列中的每 i 项等于 i-2 项加上 i-1 项的和
    for(i=0;i<20;i++)
    {
    if(i%5==0) printf("\n");     //每输出 5 个数据后换行
    printf("%8d",f[i]);
    }
    printf("\n");
}
```

程序运行结果如图 5-6 所示。

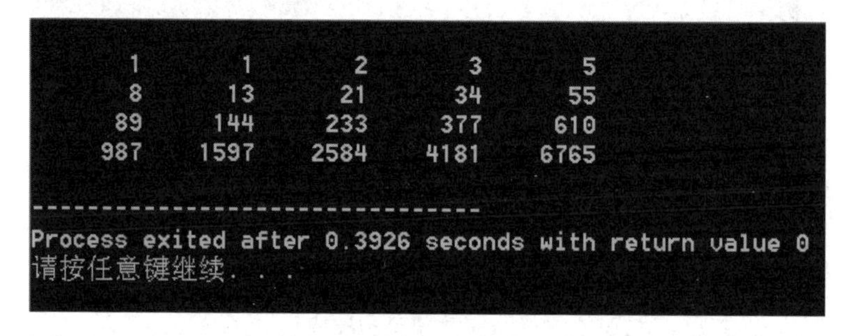
```
       1       1       2       3       5
       8      13      21      34      55
      89     144     233     377     610
     987    1597    2584    4181    6765

--------------------------------
Process exited after 0.3926 seconds with return value 0
请按任意键继续. . .
```

图 5-6　例 5.4 运行结果

该程序是 C 语言中比较典型的求斐波那契数列前 20 项，由于从程序运行结果中可以看到这个数列从第 3 项开始，每一项都等于前两项之和，因此在编写程序时把该数列存放在数组 f[20]中，并给前两个数组元素都赋值 1，通过第一个循环求出其他数组元素的值，通过第二个循环输出数组元素的值，在输出数列时每输出 5 个数据要换一行，这是通过 if(i%5==0) printf("\n");语句来实现的。需要注意的是，在编写程序时，要对输出数据换行，可以通过“除余”的方式来实现。

【例 5.5】 输入 5 个数，输出其中的最大值和最小值。

```
#include<stdio.h>
main()
{
    int max,min,a[5],i;
    printf("请输入 5 个数:\n");
    for(i=0;i<5;i++)      //通过 for 语句给数组元素赋值
       scanf("%d, ",&a[i]);
    max=min=a[0];
    for(i=0;i<5;i++)      //通过 for 语句求数组元素的最大值和最小值
    {
       if(a[i]>max) max=a[i];
```

```
        if(a[i]<min) min=a[i];
    }
    printf("最大值 max=%d\n",max);
    printf("最小值 min=%d\n",min);
}
```

程序运行结果如图 5-7 所示。

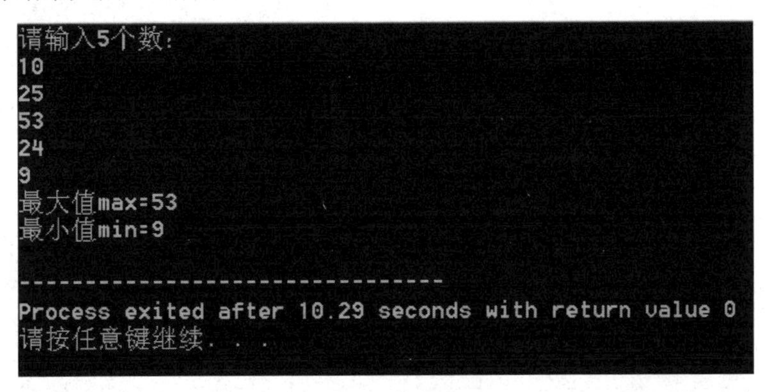

图 5-7　例 5.5 运行结果

【例 5.6】 用冒泡法对存放在数组中的 10 个整数进行排序（按从小到大的顺序排列）。

将相邻的两个数进行比较，将较小的数换到前面。

有一个数组 a 中有 6 个数，a[0]～a[5]中存放的 6 个数分别为 9、8、6、5、4、3，将它们从小到大进行排序。

将 a[0]～a[5]中的两两元素依次进行比较。

第 1 轮比较：

a[0]	a[1]	a[2]	a[3]	a[4]	a[5]	
9	**8**	6	5	4	3	交换
8	**9**	**6**	5	4	3	交换
8	6	**9**	**5**	4	3	交换
8	6	5	**9**	**4**	3	交换
8	6	5	4	**9**	**3**	交换
8	6	5	4	3	**9**	第 1 轮比较结果

第 1 轮比较了 5 次，得到了最大值 9。

第 2 轮比较：

a[0]	a[1]	a[2]	a[3]	a[4]	a[5]	
8	**6**	5	4	3	9	交换
6	**8**	**5**	4	3	9	交换
6	5	**8**	**4**	3	9	交换
6	5	4	**8**	**3**	9	交换
6	5	4	3	**8**	9	第 2 轮比较结果

第 2 轮比较了 4 次，得到了第 2 个最大值 8。

以此类推，第 3 轮比较了 3 次，得到了最大值 6；第 4 轮比较了 2 次，得到了最大值

5；第 5 轮比较了 1 次，得到了最大值 4；最后还剩最小值 3 不用比较。

```
#include <stdio.h>
void main()
{
    int i,j,t,a[10];
    for(i=0;i<10;i++)
    scanf("%d",&a[i]);
    printf("\n");
    for(j=0;j<9;j++)
        for(i=0;i<9-j;i++)
            if(a[i]>a[i+1])
            {
                t=a[i];
                a[i]=a[i+1];
                a[i+1]=t;
            }
            printf("比较后的数为:\n");
    for(i=0;i<10;i++)
        printf("%d ",a[i]);
    printf("\n");
}
```

程序运行结果如图 5-8 所示。

```
-45 -23 5 6 7 8 12 34 45 100

比较后的数为:
-45 -23 5 6 7 8 12 34 45 100
Press any key to continue
```

图 5-8　例 5.6 运行结果

可以知道，上述数组元素的排序过程，就是反复比较相邻两个元素的大小并互换位置的过程。使最大数“沉底”，成为最下面的数，而较小的数不断“上升”。如果有 n 个数，则需要进行 $n-1$ 轮比较，第 1 轮进行 $n-1$ 次比较，第 j 轮进行 $n-j$ 次比较。可以通过两个 for 语句来实现，内循环用于控制从左至右依次比较两个相邻元素，如果左大右小，则交换两个元素的值；外循环用于控制内循环的执行次数。

5.2　二维数组的定义、引用和初始化

5.2.1　二维数组的定义

数组中的每个元素都有两个下标，这样的数组被称为二维数组（在形式上可以把二维数组看成一个具有行和列的矩阵）。

定义二维数组的一般形式为：

```
数据类型说明符 数组名 [常量表达式 1][常量表达式 2];
```

其中，两个方括号中的常量表达式只能是正整数。如果将二维数组看成表格，那么“常量表达式 1”就代表行数，“常量表达式 2”就代表列数。

例如：

```
int a[3][4];
```

定义二维数组的说明如下。

（1）定义了一个数组名为 a 的二维数组。

（2）数组中的每个元素都是整型变量。

（3）数组 a 中共有 3×4=12（3 行 4 列）个元素。

（4）数组 a 的逻辑结构是一个具有 3 行 4 列的矩阵。二维数组元素及逻辑结构如表 5-1 所示。

表 5-1　二维数组元素及逻辑结构

	第 0 列	第 1 列	第 2 列	第 3 列
第 0 行	a[0][0]	a[0][1]	a[0][2]	a[0][2]
第 1 行	a[1][0]	a[1][1]	a[1][2]	a[1][3]
第 2 行	a[2][0]	a[2][1]	a[2][2]	a[2][3]

（5）二维数组可以理解为一个特殊的一维数组。例如，将二维数组中的第 0 行看成名为 a[0]的一维数组，第 1 行看成名为 a[1]的一维数组，第 2 行看成名为 a[2]的一维数组。

二维数组或多维数组在内存中是按行存放的。

5.2.2　二维数组的引用

引用二维数组元素必须带有两个下标。

引用二维数组元素的一般形式为：

```
数组名[下标 1][下标 2];
```

其中，“下标 1”表示行下标，“下标 2”表示列下标，通过行下标和列下标确定数组元素在二维数组中的位置。

例如：

```
int a[3][4];
```

引用二维数组元素的说明如下。

（1）在引用二维数组元素时，要把二维数组的下标分别放在两个方括号内，不可以把 a[0][1]写成 a[0,1]。

（2）二维数组元素的下标应该在已经定义的数组大小的范围内。例如：

```
int a[3][4];    //定义数组 a 为 3×4 的二维数组
```

```
…
a[3][4]=3;      //越界
```

按照上面的定义，二维数组的行下标的范围是 0～2，列下标的范围是 0～3。引用的二维数组 a[3][4]超过了二维数组的定义范围。

（3）二维数组名 a 表示二维数组的首地址。

（4）二维数组元素可以参与表达式的运算，也可以参与赋值。例如：

```
a[1][2]=b[2][3]/2;
```

【例 5.7】 对二维数组元素的引用。

```
#include <stdio.h>
main()
{
    int a[2][3];
    int i,j;
    for(i=0;i<2;i++)     //通过 for 语句的嵌套给二维数组元素赋值
        for(j=0;j<3;j++)
            scanf("%d",&a[i][j]);
    for(i=0;i<2;i++)     //通过 for 语句的嵌套输出二维数组元素的值

    {
        for(j=0;j<3;j++)
            printf("%3d", a[i][j]);
        printf("\n");
    }
}
```

程序运行结果如图 5-9 所示。

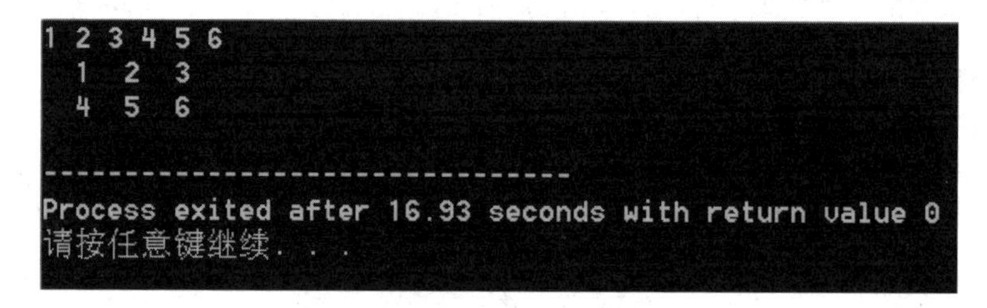

图 5-9　例 5.7 运行结果

该程序先通过第一个 for 语句的嵌套给二维数组 a[2][3]的 6 个数组元素赋值，然后通过第二个 for 语句的嵌套输出该二维数组元素的值，并且每输出 3 个数组元素换一行。

5.2.3　二维数组的初始化

同一维数组一样，C 语言允许在定义二维数组时，用下述方式对二维数组进行初始化。

（1）在分行为二维数组元素赋初值时，所赋初值的元素个数与二维数组的元素个数相同。例如：

```
int a[4][3]={{1,2,3},{4,5,6},{7,8,9},{10,11,12}};
```

这种方式是按行赋初值，优先满足行，把二维数组看成一个特殊的一维数组，相当于把第一个花括号内的数据给了第一行(数组 a[0])，把第二个花括号内的数据给了第二行(数组 a[1])……分行为二维数组元素赋初值。

（2）在分行为二维数组元素赋初值时，所赋初值的元素个数与二维数组的元素个数不相同。例如：

```
int a[4][3]={{1,2, 3},{4,5},{7},{10}};
int b[4][3]={{1,2,3},{4,5}};
```

像为一维数组元素赋初值那样，也可以为二维数组的部分元素赋初值，没有被赋初值的二维数组元素的初值为 0。

（3）在为二维数组元素赋初值时，可以省略内花括号对。例如：

```
int a[4][3]={1,2,3,4,5,6};    //a[0]行，a[1]行有值，其余行为0
```

以这种方式赋初值同样是优先满足行，没有被赋初值的二维数组元素的初值为 0。

（4）在为全部二维数组元素赋初值时，可以省略第一个方括号中的常量表达式，但不能省略第二个方括号中的常量表达式，即第一维的长度可以不指定，但第二维的长度不能省略。

例如：

```
int a[4][3]={1,2,3,4,5,6,7,8,9,10,11,12};
```

等价于：

```
int a[][3]={1,2,3,4,5,6,7,8,9,10,11,12};
```

注意，在定义数组对第一维的长度不指定时，第一维的大小可以按以下规则确定：当初值的个数可以被第二维常量表达式的值除尽时，所得的商就是第一维的长度；当初值的个数不能被第一维常量表达式的值除尽时，第一维的长度=所得的商+1。

5.2.4　二维数组程序举例

程序举例

【例 5.8】 将二维数组行与列中的元素互换，存储到另一个二维数组中。例如：

$$a=\begin{bmatrix}1 & 2 & 3\\4 & 5 & 6\end{bmatrix} \qquad b=\begin{bmatrix}1 & 4\\2 & 5\\3 & 6\end{bmatrix}$$

（1）通过外层循环控制行，让变量 i 依次等于 0、1、…、行长度-1。

（2）通过内层循环控制列，让变量 j 依次等于 0、1、…、列长度-1。

（3）内层循环的循环体为：将 a[i][j]的值赋给 b[j][i]。

```
#include <stdio.h>
main()
{
```

```
    int a[2][3]={{1,2,3},{4,5,6}}; //给二维数组a[2][3]的元素赋值
    int b[3][2],i,j;               //定义存放互换行与列后的二维数组为b[3][2]
    printf("数组a:\n");
    //通过for语句的嵌套把二维数组a[2][3]的元素的值赋给二维数组b[3][2]
    for(i=0;i<=1;i++)
    {
        for(j=0;j<=2;j++)
        {
            printf("%5d",a[i][j]);
            b[j][i]=a[i][j];
        }
        printf("\n");
    }
    printf("数组b:\n");
    for(i=0;i<=2;i++)  //通过for语句的嵌套输出二维数组b[3][2]的元素的值
    {
        for(j=0;j<=1;j++)
            printf("%5d",b[i][j]);
        printf("\n");
    }
}
```

程序运行结果如图 5-10 所示。

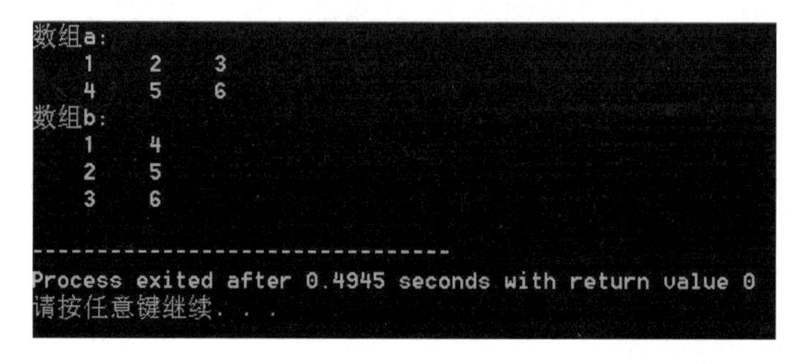

图 5-10　例 5.8 运行结果

该程序首先给二维数组 a[2][3]赋值，定义互换行与列后的二维数组为 b[3][2]，然后通过第一个 for 语句把二维数组 a[2][3]的值赋给二维数组 b[3][2]，再通过第二个 for 语句将互换行与列后的二维数组 b[3][2]输出。在编写程序设置 for 语句的初值和条件时要注意，二维数组的下标不能越界。

【例 5.9】 输入 3 行 4 列的二维数组元素，求出二维数组中的最大值及最大值所在行与列的下标。

假设第 0 行第 0 列的元素是当前最大值，记录该最大值与行下标（0）和列下标（0），通过 for 语句的嵌套依次将 a[i][j]和 max 进行比较，如果 a[i][j]>max，则 max=a[i][j]，同时记录其行和列的下标。

```
#include <stdio.h>
main()
```

```
    {
        //定义变量max、row和col分别存放二维数组中的最大值，以及最大值所在行和列
        //的下标
        int a[3][4],max,row,col,i,j;
        for(i=0;i<3;i++)            //通过for语句的嵌套给二维数组a[3][4]赋值
            for(j=0;j<4;j++)
                scanf("%d",&a[i][j]);
        max=a[0][0];row=col=0;      //给变量max、row和col赋初值
        //通过for语句的嵌套求二维数组a[3][4]中的最大值及最大值对应的行和列的下标
        for(i=0;i<3;i++)
            for(j=0;j<4;j++)
                if(max<a[i][j])
                {
                    max=a[i][j];
                    row=i;
                    col=j;
                }
        //输出二维数组中的最大值及最大值对应的行和列的下标
        printf("max=a[%d][%d]=%d\n",row,col,max);
    }
```

程序运行结果如图 5-11 所示。

```
5 6 7 8 23 12 56 78 2 3 4 9
max=a[1][3]=78

--------------------------------
Process exited after 47.03 seconds with return value 0
请按任意键继续. . .
```

图 5-11　例 5.9 运行结果

该程序在运行过程中，首先通过第一个 for 语句给二维数组 a[3][4]赋值，然后在第二个 for 语句的嵌套中通过数组元素逐个与设置的最大值 max=a[0][0]进行比较，最后求出最大值及最大值对应的下标，并由 printf()函数进行输出。在编写程序时应通过逐个比较求二维数组中的最大值。

5.3　字符数组的定义、引用和初始化

程序举例

5.3.1　字符数组的定义

字符数组是用来存放字符的数组。字符数组的每个元素中存放一个字符。

定义字符数组的一般形式与前面介绍的定义数值数组的一般形式类似。例如：

```
char c[8];
```

定义字符数组的说明如下。

（1）表示定义了一个字符数组，数组名为 a，数组中有 8 个元素，都为字符型数据。

（2）由于字符型数据和整型数据是相互通用的，因此上面的定义也可以写成：

```
int c[8];
```

字符型数据占用 1 字节，整型数据占用 4 字节。

5.3.2 字符数组的初始化

字符数组允许在定义时对其进行初始化，一维数组的初始化有以下两种方式。

1．用字符对字符数组进行初始化

例如：

```
char c[8]={'p','r','o','g','r','a','m','\0'};
```

赋值后各元素的存储形式如图 5-12 所示。

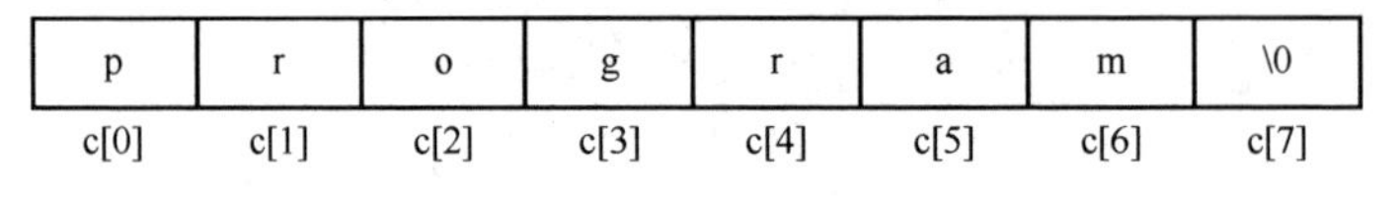

图 5-12 赋值后各元素的存储形式

初始化字符数组的说明如下。

（1）字符数组在定义的同时可以进行初始化。

（2）字符常量用单引号引起来，字符串用双引号引起来。

（3）数组的长度可以省略。例如：

```
char c[]={'p','r','o','g','r','a','m','\0'};
```

此时系统会根据初值的个数来确定数组的长度。

（4）如果初值的个数少于数组元素的个数，那么其余元素的值会自动被赋为空字符（用字符串结束标志\0 来表示）。例如：

```
char c[5]={'a','b','c'};
```

用字符常量对字符数组进行初始化的存储形式如图 5-13 所示。

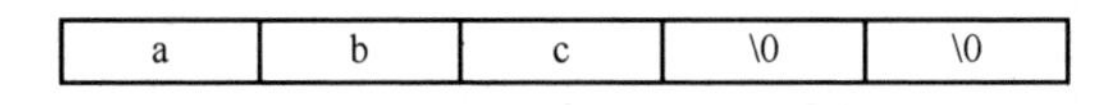

图 5-13 用字符常量对字符数组进行初始化的存储形式

2．用字符串对字符数组进行初始化

当通过字符串为字符数组赋值时，系统会自动在字符串末尾添加字符串结束标志\0。由于字符串结束标志\0 在字符数组中也占用一个元素的存储空间，因此在声明字符串长度时，要预留出放置字符串结束标志\0 的空间。例如：

```
char c[6]={"Happy"};
char c[6]="Happy";
```

```
char c[]="Happy";
char c[6]={'H,'a','p','p','y','\0'};
char c[]={'H,'a','p','p','y','\0'};
char c[6]= {'H,'a','p','p','y'};
```

上面的语句都是用于定义字符数组 c 的，字符数组 c 的长度都为 6，字符数组 c 的值为字符串"Happy"，字符串"Happy"本身的长度为 5。因为字符串的长度就是所有字符的长度（不包括字符串结束标志\0），所以用于存储字符串的字符数组的长度一定要大于字符串的长度。

用字符串对字符数组进行初始化的存储形式如图 5-14 所示。

H	a	p	p	y	\0
c[0]	c[1]	c[2]	c[3]	c[4]	c[5]

图 5-14 用字符串对字符数组进行初始化的存储形式

5.3.3 字符数组的引用

通过引用字符数组中的一个元素可以得到一个字符，字符数组的引用和一维数组、二维数组的引用类似。

【例 5.10】 通过字符数组输出一个字符串。

```
#include <stdio.h>
main()
{
    char c[14]={'I',' ','a','m',' ','a',' ','s','t','u','d','e',
    'n','t'};              //定义一个字符数组 c[14]并为其赋初值
    int i;
    for(i=0;i<14;i++)    //通过 for 语句输出字符数组
        printf("%c",c[i]);
    printf("\n");
}
```

程序运行结果如图 5-15 所示。

```
I am a student

--------------------------------
Process exited after 0.4545 seconds with return value 0
请按任意键继续. . .
```

图 5-15 例 5.10 运行结果

【例 5.11】 通过字符数组输出一个菱形。

```
#include <stdio.h>
main()
{
    //定义二维字符数组 a[5][5]并为其赋初值
    char a[][5]={{' ',' ','*'},{' ','*',' ','*'},{'*',' ',' ',' ','*'},
```

```
        {' ','*',' ','*'},{' ',' ','*'}};
        int i,j;
        for(i=0;i<5;i++)   //通过 for 语句的嵌套输出二维数组
        {
            for(j=0;j<5;j++)
                printf("%c",a[i][j]);
            printf("\n");
        }
    }
```

程序运行结果如图 5-16 所示。

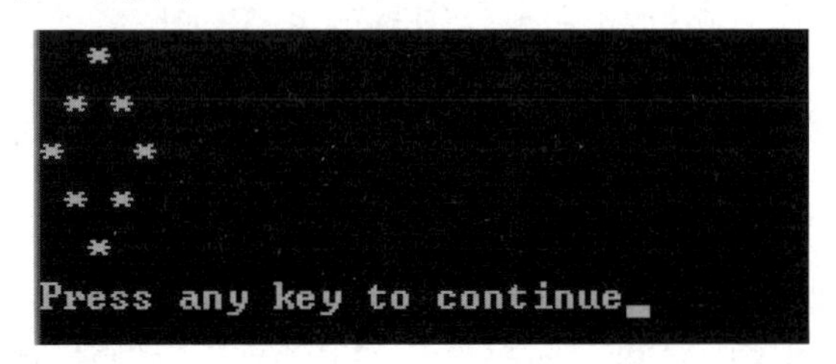

图 5-16　例 5.11 运行结果

5.3.4　字符串处理函数

C 语言标准库中提供了一些用于处理字符串的函数，它们使用起来非常方便。下面介绍几种常用的字符串处理函数。

1. puts()函数

puts()函数的一般形式为：

```
puts(字符数组);
```

puts()函数的功能是将一个字符数组输出。例如：

```
char str[]={"China"};
puts(str);
```

其结果是输出字符串"China"。由于可以通过熟悉的 printf()函数输出字符串，因此 puts()函数不经常被使用。

用 puts()函数输出的字符串中可以包含转义字符。例如：

```
char str[]={"China\nBeijing"};
puts(str);
```

输出结果为：

```
China
Beijing
```

将字符串结束标志\0 换成\n，这样输出字符串"China"后，会自动换行。

2. gets()函数

gets()函数的一般形式为：

```
gets(字符数组);
```

gets()函数的功能是输入一个字符串，并将其赋给字符数组，得到一个函数值。该函数值是字符数组的地址。例如：

```
#include<stdio.h>
main()
{
    char str[10];
    gets(str);  //输入一个字符串，并将其赋给字符数组
    puts(str);  //输出字符数组
}
```

程序运行结果如图 5-17 所示。

```
Students
Students

--------------------------------
Process exited after 14.54 seconds with return value 0
请按任意键继续. . .
```

图 5-17　程序运行结果 1

3. strcat()函数

strcat()函数的一般形式为：

```
strcat(字符数组 1,字符串 2);
```

strcat()函数的功能是将两个字符数组中的字符串连接起来，将字符串 2 连接到字符串 1 的后面，并删除字符串 1 后面的字符串结束标志\0，把连接后的结果存放在字符数组 1 中。

```
#include<stdio.h>
#include<string.h>
main()
{
    char str1[]="I wish you ",str2[]="success!";  //定义字符数组并为其赋值
    strcat(str1,str2);  //把两个字符数组中的字符串连接起来
    puts(str1);         //输出字符数组 1
    puts(str2);         //输出字符数组 2

}
```

程序运行结果如图 5-18 所示。

```
I wish you success!
success!

--------------------------------
Process exited after 0.4127 seconds with return value 0
请按任意键继续. . .
```

图 5-18　程序运行结果 2

4．strcpy()函数

strcpy()函数的一般形式为：

```
strcpy(字符数组 1,字符数组 2);
```

strcpy()函数是字符串复制函数，功能是将一个字符数组指向的字符串复制到另一个字符数组中。复制字符串起到了为字符数组赋值的作用。

```
#include<stdio.h>
#include<string.h>
main()
{
    char c1[5]="abcd",c2[5]="123";
    puts(strcpy(c1,c2));    //将字符数组 c2 指向的字符串复制到字符数组 c1 中
    puts(c1);               //输出字符数组 c1
    puts(c2);               //输出字符数组 c2
}
```

程序运行结果如图 5-19 所示。

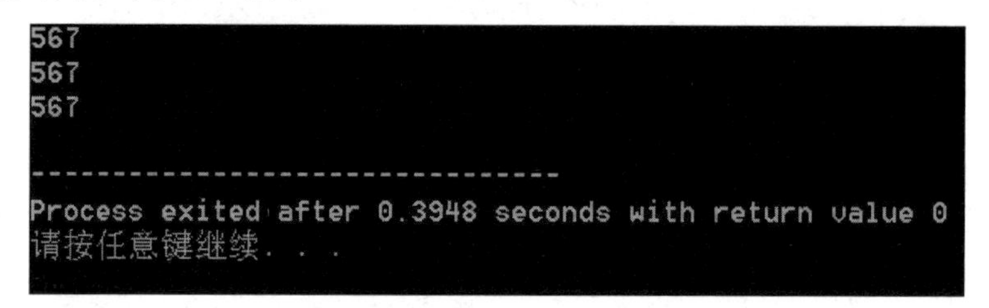

图 5-19　程序运行结果 3

5．strcmp()函数

strcmp()函数的一般形式为：

```
strcmp(字符串 1,字符串 2);
```

strcmp()函数的功能是比较两个字符串的大小，比较结果使用返回值表示。

字符串相互比较的规则如下。

让两个字符串自左至右逐个字符（按 ASCII 码的大小）进行比较，当出现不同的字符或遇到字符串结束标志\0 时结束比较。如果字符全部相同，则认为两个字符串相等。若有不相同的字符出现，则以第一个不相同字符的比较结果为准。例如，"a"<"b"，"a">"A"， "computer">"compare"。

如果字符串 1=字符串 2，则函数的返回值为 0。

如果字符串 1>字符串 2，则函数的返回值为 1。

如果字符串 1<字符串 2，则函数的返回值为−1。

注意，对字符串进行比较，不能用：

```
if(str1>str2)
    printf("yes");
```

只能用：

```
if(strcmp(str1>str2))
  printf("yes");
```

6．strlen()函数

strlen()函数的一般形式为：

```
strlen(字符数组);
```

strlen()函数的功能是返回字符数组中字符串的长度（不包括字符串结束标志\0）。其返回的是字符串的实际长度，和字符数组的长度有区别。

```
#include<stdio.h>
#include<string.h>
main()
{
    char a[10]="abc";    //定义字符数组 a[10]并为其赋值
    printf("字符串 a 的长度：%d\n",strlen(a));  //输出字符数组中字符串的长度
    strcat(a,"1234");    //把字符串 1234 连接在字符串 abc 的后面
    //输出连接后的字符数组中字符串的长度
    printf("字符串 a 的长度：%d\n",strlen(a));

}
```

程序运行结果如图 5-20 所示。

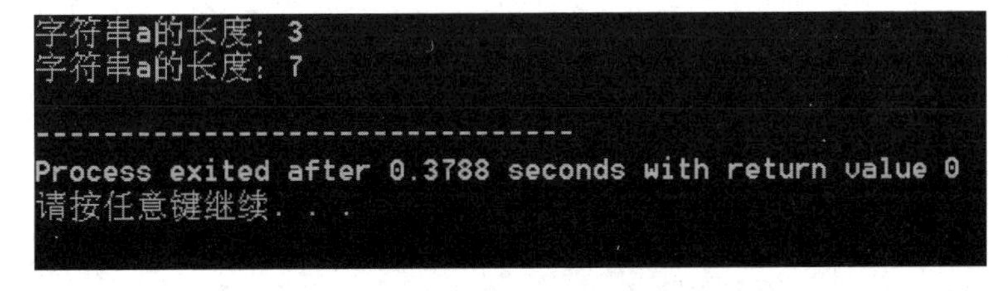

图 5-20　程序运行结果 4

7．strlwr()函数

strlwr()函数的一般形式为：

```
strlwr(字符数组);
```

strlwr()函数的功能是将字符串中的大写字母转换为小写字母。strlwr()函数的实参只能是字符数组，不能是字符串。

```
#include<stdio.h>
#include<string.h>
main()
{
    char a[5]="AbcD";
    strlwr(a);      //把字符串中的大写字母 A 和 D 转换为小写字母 a 和 d
    puts(a);        //输出字符串 abcd
}
```

程序运行结果如图 5-21 所示。

图 5-21　程序运行结果 5

8. strupr()函数

strupr()函数的一般形式为：

```
strupr(字符数组);
```

strupr()函数的功能是将字符串中的小写字母转换为大写字母。strupr()函数的实参只能是字符数组，不能是字符串。

```
#include<stdio.h>
#include<string.h>
main()
{
    char a[5]="AbcD";
    strupr(a);      //把字符串中的小写字母 b 和 c 转换为大写字母 B 和 C
    puts(a);        //输出字符串 ABCD

}
```

程序运行结果如图 5-22 所示。

```
ABCD

--------------------------------
Process exited after 0.5139 seconds with return value 0
请按任意键继续. . .
```

图 5-22　程序运行结果 6

5.3.5　字符数组程序举例

【例 5.12】 输入一个英文句子（一行字符），统计这个英文句子中包含多少个单词，单词之间用空格分隔。

```
#include<stdio.h>
main()
{
    char str[255];
    int i,num=0;
    gets(str);                      //输入英文句子
    if(str[0]!=' ') num=1;          //判断有没有输入单词
        for(i=0;(str[i]);i++)       //通过 for 语句计算包含几个单词
            if(str[i]==' '&&str[i+1]!=' ')
                num++;
    printf("There are %d words in the line.\n",num);  //输出单词的个数
}
```

程序运行结果如图 5-23 所示。

```
I am a student
There are 4 words in the line.

--------------------------------
Process exited after 18.42 seconds with return value 0
请按任意键继续. . .
```

图 5-23　例 5.12 运行结果

【例 5.13】 输入 3 个英文单词，输出其中最大的英文字符串。

```
#include<stdio.h>
#include<string.h>
main()
{
    char s1[20],s2[20],s3[20],max[20];
    gets(s1);gets(s2);gets(s3);  //输入 3 个英文单词
    if(strcmp(s1,s2)>0)
        strcpy(max,s1);
    else
        strcpy(max,s2);
    if(strcmp(s3,max)>0)
        strcpy(max,s3);
    printf("max:%s\n",max);
}
```

程序运行结果如图 5-24 所示。

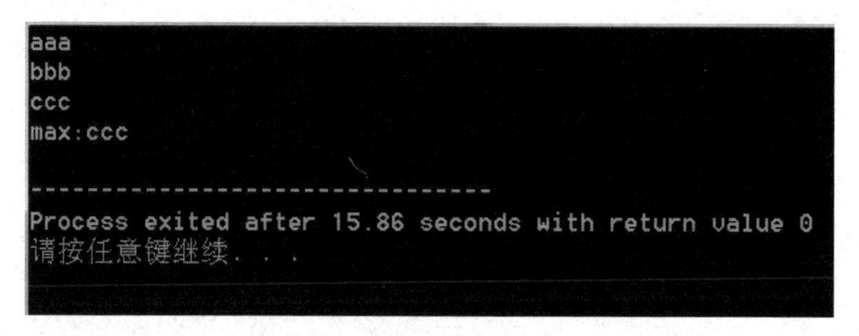

图 5-24　例 5.13 运行结果

该程序在运行时，先输入 3 个英文字符串，然后比较前两个英文字符串的大小，将较大的英文字符串赋给 max，并用 max 与第 3 个英文字符串进行比较，如果第 3 个英文字符串大于 max，则把第 3 个英文字符串的值赋给 max，输出 max，就是输出了最大的英文字符串。在编写程序时需要注意 strcmp()函数的用法。

本章小结

本章主要介绍了以下内容。

数组是存储在一片连续存储单元中的一组相同类型变量的集合。

（1）一维数组。

定义一维数组的一般形式为：

```
数据类型说明符 数组名[常量表达式];
```

其中，“数据类型说明符”可以是 C 语言中的任何数据类型，如整型、实型等，也可以是其他数据类型，数组名与普通的变量名的命名规则一样；方括号中的内容只能是整型常量或整型常量表达式，方括号中的值用于指定数组元素的个数。

引用一维数组元素的一般形式为：

```
数组名[下标];
```

注意，在引用一维数组元素时，下标不能越界。

（2）二维数组。

定义二维数组的一般形式为：

```
数据类型说明符 数组名 [常量表达式 1][常量表达式 2];
```

其中，两个方括号中的常量表达式只能是正整数。如果将二维数组看成表格，那么“常量表达式 1”就代表行数，“常量表达式 2”就代表列数。

引用二维数组元素的一般形式为：

```
数组名[下标 1][下标 2];
```

其中，“下标 1”表示行下标，“下标 2”表示列下标，通过行下标和列下标确定数组元素在二维数组中的位置。

（3）字符数组和字符串处理函数。

字符数组是用来存放字符的数组。字符数组的每个元素中存放一个字符。

定义字符数组的一般形式与前面介绍的定义数值数组的一般形式类似。

常用的字符串处理函数的功能如下。

puts()函数的功能是将一个字符数组输出。

gets()函数的功能是输入一个字符串，并将其赋给字符数组，得到一个函数值。

strcat()函数的功能是将两个字符数组中的字符串连接起来。

strcpy()函数是字符串复制函数，功能是将一个字符数组指向的字符串复制到另一个字符数组中。

strcmp()函数的功能是比较两个字符串的大小。

strlen()函数的功能是返回字符数组中字符串的长度（不包括字符串结束标志\0）。

strlwr()函数的功能是将字符串中的大写字母转换成小写字母。

strupr()函数的功能是将字符串中的小写字母转换成大写字母。

习题 5

一、选择题

1．以下数组定义中，错误的是（　　）。

A．int a[]={1,2,3};　　B．int a[5]={1,2,3};

B．int a[3]={1,2,3,4};　　D．int a[5],b;

2．以下数组定义中，正确的是（　　）。

A．int n=4, a[n]={1,2,3,4};　　B．int a[][2]={1,2,3,4};

C．int a[2][]={1,2,3,4};　　D．int a[][]={{1,2},{3,4}};

3．若有定义 int a[2][3];，则以下选项中对数组 a 中的元素引用正确的是（　　）。

A．a[2][1]　　B．a[2][3]　　C．a[0][1]　　D．a[3][4]

4．若有定义 int a[][3]={1,2,3,4,5,6,7,8,9};，则 a[1][2]的值是（　　）。

A．2　　B．5　　C．6　　D．8

5．有定义 char s[10];，若要从终端给数组 s 赋值，则下列输入语句中错误的是（　　）。

A．gets(&s[0]);　　B．scanf("%s",s+1);

C．gets(s);　　D．scanf("%s",s[1]);

6．若有以下定义，则 s1 和 s2（　　）。

```
char s1[]={'S','t','r','i','n','g'};
char s2[]="String";
```

A．长度相同，内容也相同　　B．长度不同，但内容相同

C．长度不同，但内容相同　　D．长度不同，内容也不同

7．若有定义 int a[10]={0};，则下列说法中正确的是（　　）。

A．数组 a 中有 10 个元素，各元素的值均为 0

B．数组 a 中有 10 个元素，其中 a[0]的值为 0，其他元素的值不确定

C．数组 a 中有 1 个元素，其值为 0

D．数组初始化错误，初值个数少于数组元素个数

8．若有定义 char str[6]={'a', 'b', '\0','c','d','\0'};，则执行语句 printf("%s",str);后，输出结果为（　　）。

A．a　　B．ab　　C．abcd　　D．ab\0cd\0

9．以下程序运行结果是（　　）。

```
void main()
{
    char a[]="abcd",b[]="123";
    strcpy(a,b);
    printf("%s\n",a);
}
```

A．123　　B．123d　　C．abcd　　D．abcd123

10．以下程序运行结果是（　　）。

```
void main()
{
    char a[]="123",b[]="abcd";
    if(a>b)  printf("%s\n",a);
    else    printf("%s\n",b);
}
```

A．123　　B．编译时出错　　C．abcd　　D．运行时出错

二、填空题

1．已知 T 为包含 10 个元素的整型数组，正序输出 T 中 10 个元素的值的语句为：

```
for(j=0;j<10;j++) printf("%d",T[j]);
```

下面的语句试图逆序输出 T 中的 10 个元素。请将下面的语句补充完整。

```
for(__________;__________;__________) printf("%d",T[j]);
```

2．输入 5 个字符串，将其中最小的字符串输出，请填空。

```
#include<stdio.h>
#include<string.h>
#include<ctype.h>
void main()
{
    char str[10],temp[10];
    int i;
    ______________;
```

```
    for(i=0;i<4;i++)
    {
        gets(str);
        if(strcmp(temp,str)>0)
        ____________________;
    }
    printf("\nThe first string is:%s\n",temp);
}
```

3．以下程序的功能为，求一个 3×3 矩阵主对角线元素之和，输出形式如下。请填空。

```
1      3      6
7      9      11
14     15     17
```

主对角线元素之和为 27。

```
#include<stdio.h>
#include<string.h>
void main()
{
    int a[3][3]={{1,3,6},{7,9,11},{14,15,17}},i,j,sum=0;
    for(i=0;i<3;i++)
    {
       for(j=0;j<3;j++)
       printf("%5d",a[i][j]);
       printf("\n");
    }
    for(i=0;______________;i++)
       sum=sum+______________;
    printf("主对角线元素之和为%d\n",sum);
}
```

4．以下程序的功能为，以每行输出 4 个数据的形式输出数组 a。请填空。

```
#include<stdio.h>
void main()
{
    int a[20],i;
    for(i=0;i<20;i++) scanf("%d",________________);
    for(i=0;i<20;i++)
    {
        if(____________________________);
        printf("%3d",a[i]);
    }
    printf("\n");
}
```

三、编程题

1．用选择排序法将 10 个整数按从小到大排序。

2．输出杨辉三角形。杨辉三角形中包括$(a+b)^n$展开后各项的系数。若$(a+b)^4$展开后各项的系数为 1、4、6、4、1。则输出的杨辉三角形为：

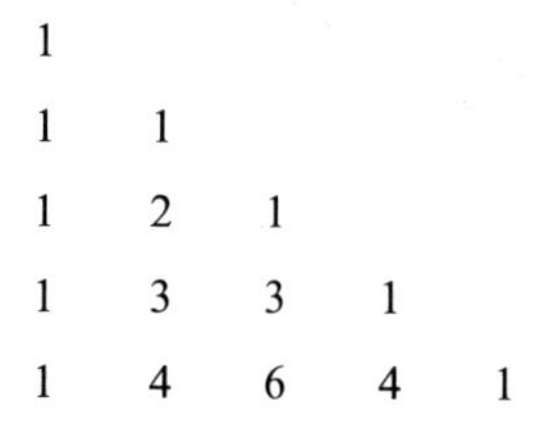

```
1
1   1
1   2   1
1   3   3   1
1   4   6   4   1
```

3．一个学习小组有 5 名学生，现有每名学生 3 门课的考试成绩。求这个学习小组分科的平均成绩和各科总平均成绩。

第6章　函　　数

本章主要内容

- 概述
- 函数的定义
- 函数的参数和返回值
- 函数的调用和声明
- 函数的嵌套调用
- 函数的递归调用
- 数组作为函数的参数
- 函数中变量的作用域

在前面章节的学习中，我们已经认识了 main()函数，在 C 语言中，函数是构成程序的基本单位。每个较大的程序一般都由若干个程序模块构成，一个特定的功能由一个模块来实现。高级语言都有子程序这个概念，通过子程序实现模块的相应功能。在 C 语言中，通过函数完成子程序的功能。每个较大的程序一般都由一个 main()函数和若干个其他函数构成。main()函数调用其他函数，其他函数之间也可以相互调用。一个函数可以被一个或者多个函数调用任意次。在程序的开发过程中，常将多次用到的功能模块编写、封装成函数，放在公用标准库中供程序员使用。程序员通过调用函数，可以大大减少重复的工作量，从而提高编程的工作效率。

微课视频

6.1　概述

函数是完成特定功能的程序段。一个 C 语言程序有且只有一个 main()函数，C 语言程序执行的入口是 main()函数。在 C 语言中，不允许嵌套定义函数，所有函数的定义都是平行的，但允许函数的嵌套调用。main()函数可以调用其他函数，其他函数不允许调用 main()函数。我们对函数并不陌生，尽管到目前为止，所编写的程序都有一个 main()函数，但在编写程序的过程中，也在不断地使用 scanf()函数、printf()函数、getchar()函数和 putchar()函数，这些函数被称为标准库函数。它们由系统提供，可以直接使用。标准库函数只包括一些基本的、通用的功能函数，而在实际应用中需要解决具体复杂的问题，当标准库函数不能满足要求时，就要求程序员根据实际情况来定义、编写其他函数，以实现一些特定的功能。从用户的角度来看，函数可以分为标准库函数和自定义函数。对于标准库函数，重点要了解有哪些标准库函数，分别能完成什么功能及如何调用。

6.2 函数的定义

6.2.1 无参函数的定义

定义无参函数的一般形式为：

```
数据类型标识符 函数名()
{
    声明部分
    语句部分
}
```

无参函数就是在调用函数时不用传递参数的函数。

【例 6.1】 无参函数举例。

```
#include<stdio.h>
main()
{
    void star();           //声明 star()函数
    void message();        //声明 message()函数
    star();                //调用 star()函数
    message();             //调用 message()函数
    star();                //调用 star()函数
}
void star()                //定义 star()函数
{
    printf("* * * * * * * * * *\n");
}
void message()             //定义 message()函数
{
    printf("How do you do!\n");
}
```

程序运行结果如图 6-1 所示。

```
* * * * * * * * * *
How do you do!
* * * * * * * * * *

--------------------------------
Process exited after 0.6286 seconds with return value 0
请按任意键继续. . .
```

图 6-1 例 6.1 运行结果

例 6.1 是典型的无参函数的应用，即程序在调用过程中没有给函数传递参数。注意，在调用自定义函数之前一定要在 main()函数中先对其进行声明，然后才能调用，否则程序执行中会报错。若自定义函数的定义写在 main()函数之前，则不用在 main()函数中声明自定义函数。

6.2.2　有参函数的定义

定义有参函数的一般形式为：

```
数据类型标识符 函数名(类型名 形参 1,类型名 形参 2…)
{
    声明部分
    语句部分
}
```

有参函数就是在调用函数时需要传递参数的函数。例如：

```
int sum(int x,int y)          //函数头
{                             //花括号部分为函数体
    int z;
    z=x+y;
    return(z);
}
```

这是一个求 x+y 的函数，第一行中第一个关键字 int 表示函数的返回值为整型。sum 是函数名。圆括号中有两个整型参数，分别为 x 和 y。花括号中是函数体，包括声明和语句。声明部分包括函数中用到的变量及需要调用函数的声明。通过函数体中的语句可以求出 z 的值（x 与 y 的和）。return(z)语句的作用是将 z 的值作为函数的返回值代入主调函数中。return()函数的圆括号中的值 z 为主调函数的返回值。return()函数也称被调函数。

在定义函数时，如果不指定函数类型，那么函数类型默认为整型。因此，在上面的函数定义中，int 可以省略。

6.2.3　空函数的定义

定义空函数的一般形式为：

```
数据类型标识符 函数名()
   {       }
```

例如：

```
void dummy()
   {    }
```

dummy()函数是一个空函数。

在调用空函数时，由于函数体是空的，因此它不执行任何操作，看起来没有什么实际作用。但是在早期的模块化程序设计中，空函数十分有用。它可以实现扩充程序功能（函数）模块的作用。在程序编写前，可以编写一些空函数，作为将来扩充使用。这个空函数

只是暂时没有函数体，当以后需要时，可以通过编写函数体来实现特定的功能。在一般情况下，高级语言在编写过程中很少用到空函数。

6.3 函数的参数和返回值

6.3.1 形参和实参

在调用函数时，大多数情况下，主调函数和被调函数之间都有数据传递，这类函数就是有参函数。在定义有参函数时，函数名后面圆括号中的变量名为形式参数，简称形参。在主调函数中调用该函数时，函数名后面括号中的参数（可以是表达式）为实际参数，简称实参。

【例 6.2】 调用函数时的数据传递。

```
#include<stdio.h>
main()
{
    int max(int x,int y);          //声明函数
    int a,b,c;
    scanf("%d,%d",&a,&b);          //输入两个数，将其赋给变量 a 和 b
    c=max(a,b);                    //调用最大值函数 max(a,b)
    printf("max is %d\n",c);       //输出最大值 max
}
int max(int x,int y)               //定义求两个数的最大值函数 max(int x,int y)
{
    int z;
    z=x>y?x:y;
    return(z);
}
```

程序运行结果如图 6-2 所示。

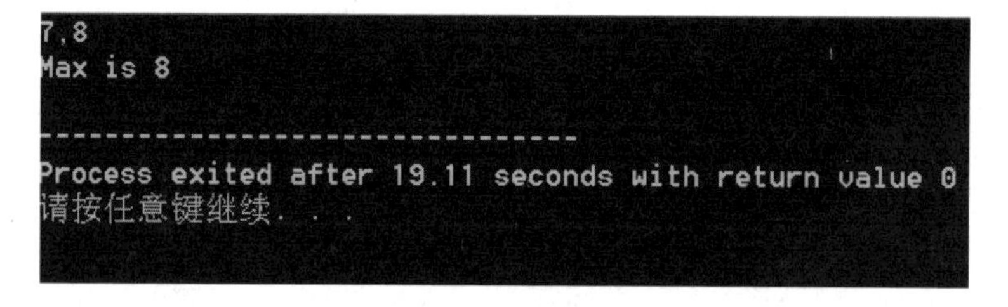

图 6-2 例 6.2 运行结果

在上述程序中，第 10～15 行是 max()函数的定义。第 10 行定义了函数名，并同时指定了两个形参 x、y 及其数据类型。第 7 行是 max()函数的调用，max()函数后面圆括号中的 a 和 b 是实参。其中，a 和 b 是在 main()函数中定义的变量，x 和 y 是在 max()函数中定义的变量。主调函数和被调函数、形参和实参的关系如图 6-3 所示。

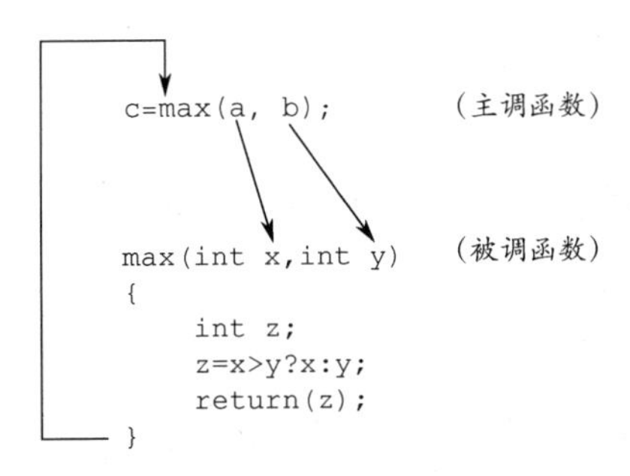

图 6-3　主调函数和被调函数、形参和实参的关系

关于形参和实参的说明如下。

（1）定义函数时指定的形参，在未发生函数调用时，并不占用存储单元。只有在发生函数调用时，max()函数中的形参才会被分配相应的存储单元。在函数调用结束后，形参所占用存储单元会被释放。

（2）实参可以是常量、变量或表达式等。例如：

```
max(3,a+b);
```

实参应有确定的值，在调用函数时将实参赋给形参。

（3）在定义的函数中，必须指定形参的数据类型。

（4）实参与形参的数据类型应相同或彼此兼容。在例 6.2 中，实参和形参的数据类型都是整型，这是合规的。如果实参的数据类型是实型，形参的数据类型是整型，或出现其他类似的情况（整型和字符型可以相互通用），则会发生错误。

（5）在例 6.2 中，实参向形参传递数据的方式是“值传递”，是单向传递，只能由实参传递给形参，而不能由形参传回给实参。

在调用函数时，系统给形参分配相应的存储单元，并将实参传递给形参，函数调用结束后，形参的存储单元会被释放，实参的存储单元仍然保留并维持原来的值。因此，在调用函数时，如果形参发生改变，并不会影响到主调函数中的实参。

6.3.2　函数的返回值

在通常情况下，通过函数调用能使主调函数得到一个确定的值，这个值就是函数的返回值，也称函数值。函数的返回值也是一种数据，具有数据的属性，即值和类型。函数的返回值的类型在定义函数时被指定，函数的返回值通过 return 语句来获得。

return 语句的一般形式为：

```
return(表达式);
```

或

```
return 表达式;
```

return 语句的功能是使程序控制流程返回主调函数，同时将表达式的值返回主调函数。当仅将程序控制流程返回主调函数时，return 语句可以写为：

```
    return;
```

说明如下。

（1）一个函数可以有多个 return 语句，当执行到某个 return 语句时，会将 return 语句中表达式的值返回被调函数。

【例 6.3】 一个函数中有多个 return 语句。

```
#include<stdio.h>
int fun(int x)
{
    if(x>20) return(1);
    else return(0);
}
main()
{
    int a,b;
    scanf("%d",&a);
    b=fun(a);
    printf("b=%d\n",b);
}
```

程序运行结果如图 6-4 和图 6-5 所示。

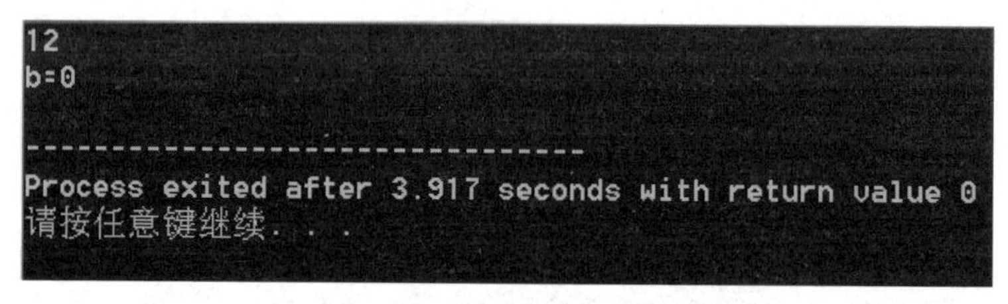

图 6-4 例 6.3 运行结果 1

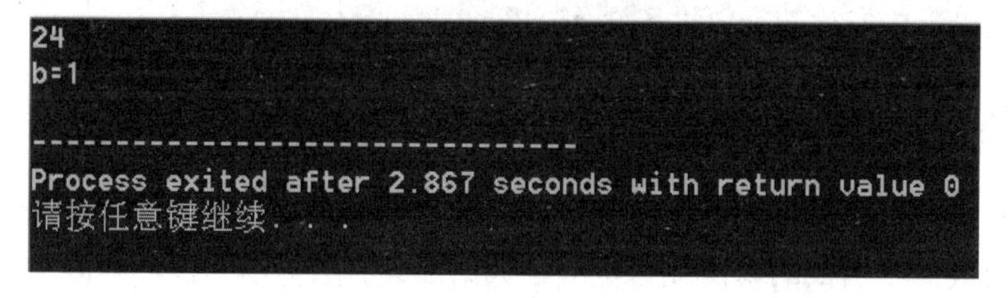

图 6-5 例 6.3 运行结果 2

（2）若函数体内没有 return 语句，则程序将一直执行到函数末尾，并返回主调函数，这时会返回一个不确定的值。

【例 6.4】 函数中没有 return 语句。

```
#include<stdio.h>
printstar()
{ printf("**********"); }
main()
{
```

```
int a;
a=printstar();
printf("%d\n",a);
}
```

程序运行结果如图 6-6 所示。

```
**********10
--------------------------------
Process exited after 0.4633 seconds with return value 0
请按任意键继续. . .
```

图 6-6　例 6.4 运行结果

在例 6.4 的程序中没有 return 语句，但在定义函数时内部包含 printf()函数，用以输出函数的值。需要注意的是，如果函数中有 return 语句，则该函数相当于带有返回值的一个变量，需要通过 printf()函数进行输出。

（3）若不要求函数有返回值，则可以将函数定义为空函数。例如，将例 6.4 改成如下程序：

```
#include<stdio.h>
void printstar()
{  printf("**********");  }
main()
{  printstar();
}
```

程序运行结果如图 6-7 所示。

```
**********
--------------------------------
Process exited after 0.445 seconds with return value 0
请按任意键继续. . .
```

图 6-7　程序运行结果

（4）return 语句中的表达式类型如果与函数的返回值类型不一致，则以函数的返回值类型为准。

【例 6.5】 return 语句中的表达式类型与函数的返回值类型不一致。

```
#include<stdio.h>
int max(float x,float y)   //定义函数
{
    float z;
    z=x>y?x:y;
    return(z);
}
main()
```

```
{
    float a,b,c;
    scanf("%f%f",&a,&b);
    c=max(a,b);                //调用函数
    printf("Max is %5.2f\n",c);
}
```

程序运行结果如图 6-8 所示。

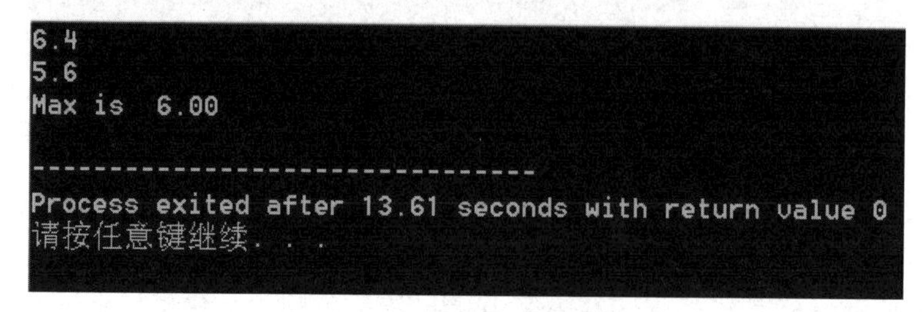

图 6-8　例 6.5 运行结果

在例 6.5 的程序中可以看到 max(a,b)函数中返回值类型是单精度型，max(a,b)函数类型是整型，运行程序后输入两个实型常量 6.4 和 5.6，程序最终输出的最大值是 6.00，从该程序中可以知道无论程序中的返回值类型是什么，最终都要转换为其所在函数类型。

6.4　函数的调用和声明

6.4.1　调用函数的一般形式

调用函数的一般形式为：

```
函数名(实参列表);
```

如果调用的是无参函数，那么可以没有实参列表，但圆括号不能省略。如果有多个实参，则各实参用逗号隔开。实参与形参的个数要相等，类型应相互匹配，按顺序传递数据。需要说明的是，如果实参列表中包含多个实参，那么求实参的顺序不是确定的，有的系统按自右向左的顺序求实参，有的系统则按自左向右的顺序求实参。Visual C++ 6.0 按自左向右的顺序求实参。

【例 6.6】 分析求实参的顺序。

```
#include<stdio.h>
void fun(int x,int y)
{
    printf("x=%d,y=%d\n",x,y);
}
void main()
{
    int a=8;
```

```
    fun(a,a+2);
}
```

程序运行结果如图 6-9 所示。

```
x=8,y=10
Press any key to continue
```

图 6-9　例 6.6 运行结果

如果按自右向左的顺序求实参，那么调用函数相当于 fun(10,10)，如果按自左向右的顺序求实参，那么调用函数相当于 fun(8,10)。由于存在上面的情况，会使程序的通用性受到影响，因此应避免这种容易引起不同结果的情况。如果本意是按自左向右的顺序求实参，那么可以把程序改写为：

```
int a=8,b;
b=a+2;
fun(a,b);
```

如果本意是按自右向左的顺序求实参，那么可以把程序改写为：

```
int a=8,b;
b=a+2;
fun(b,a);
```

6.4.2　调用函数的方式

按照函数在程序中的位置，调用函数有以下 3 种方式。

1. 函数语句

作为一个函数语句，在调用函数时要求函数只完成一定的操作，不要求函数返回特定的值。例如：

```
fun(a,a+2);
```

2. 函数表达式

在调用函数时，函数出现在表达式中，这种表达式被称为函数表达式。这时就需要函数有确定的返回值来参与表达式的运算。例如：

```
c=2*min(a,b);
```

其中，min()函数是表达式的一部分，先将它的值乘以 2，再把所得到的值赋给 c。

3. 函数的参数

在调用函数时，一个函数可以作为另一个函数的参数。例如：

```
m=min(a,min(b,c));
```

其中，min(b,c)函数作为 min()函数的参数。m 的值是 a、b、c 中最小的值。又如：

```
printf("%d",min(a,b));
```

其中，min(a,b)函数作为 printf()函数的参数。

在调用函数时，一个函数作为另一个函数的参数，实质上是调用函数表达式的一种特殊形式，因为函数的参数本来就可以是表达式的形式。

6.4.3　函数的声明

当一个函数调用另一个函数时，被调函数必须是存在的，而且被调函数的编译顺序应该在主调函数之前。否则，需要在主调函数中的调用语句之前，对被调函数进行声明（或称说明）。函数声明的作用是将函数类型、函数名和函数的参数的个数等信息通知系统，当遇到函数调用时，系统能检查函数调用是否合规并正确识别函数。函数的定义是编写不存在的函数，函数的定义只能有一次，函数的声明是对已存在函数的声明，函数的声明可以有多次。

在程序中，被调函数包括标准库函数和自定义函数。当调用标准库函数时，只需要在主调函数的头文件中，用#include 命令引入被调函数的定义文件即可。但在调用自定义函数时，一般都需要在主调函数内部或外部对被调函数进行声明（主调函数和被调函数在同一个文件中），或者在头文件中用#include 命令引入被调函数所在的文件（主调函数和被调函数不在同一个文件中）。本书只讨论主调函数和被调函数在同一个文件中的情况。

C 语言新版本中的函数的声明也称函数原型（Function Prototype）。声明函数一般有两种形式。

形式一：

```
函数类型 函数名([参数类型 1,参数类型 2,…,参数类型 n]);
```

形式二：

```
函数类型 函数名([参数类型 1 参数名 1,参数类型 2 参数名 2,…,参数类型 n 参数名 n]);
```

说明如下。

（1）如果定义的函数为有参函数，则函数的声明中必须有方括号中的内容，否则，方括号中的内容可以省略。

（2）形式一是函数的声明的基本形式。在函数的声明中加上参数名即形式二。因为系统并不检查参数名，所以参数名可以与定义时的形参名不一致。

对 min()函数进行的以下 3 种声明都是正确的。

```
int min(int,int);
int min(int x,int y);
int min(int a,int b);
```

（3）如果被调函数的定义在主调函数之前，那么在调用函数时可以不加以声明。

【例 6.7】 被调函数的定义在主调函数之前。

```
#include<stdio.h>
float add(float x,float y)     //定义函数
{
    float z;
    z=x+y;
    return(z);
}
main()
{
    float a,b,c;
    scanf("%f,%f",&a,&b);
    c=add(a,b);                    //调用函数
    printf("%f\n",c);
}
```

程序运行结果如图 6-10 所示。

图 6-10　例 6.7 运行结果

因为上述程序的被调函数定义在主调函数之前，所以在调用函数时可以不加以声明而直接调用。

（4）如果头文件（在所有函数之前）中对所有调用的函数都进行了声明，那么在主调函数中就不必再次声明。例如：

```
char letter(char char);     //声明函数
float f(float,float);       //声明函数
int i(float,float);         //声明函数

void main()                 //在 main()函数中调用以上 3 个函数，不必再次声明
{
…
}
//下面定义被 main()函数调用的 3 个函数
char letter(char c1,char c2)    //定义 letter()函数
{
…
}
float f(float,float)            //定义 f()函数
```

```
{
…
}
int i(float,float)                //定义 i()函数
{
…
}
```

因为上述程序的头文件中已经包含了对所有调用函数的声明，系统从声明中已经知道了调用函数的相关情况，所以不必再次在主调函数中进行声明。

6.5 函数的嵌套调用

前面提到过函数的定义是平行的、独立的，不能在一个函数的内部定义另一个函数，即函数不可以嵌套定义，但可以嵌套调用。也就是说，在调用一个函数的过程中，被调函数还可以调用另一个函数。

图 6-11 所示为函数的嵌套调用。其执行过程如下。

（1）执行 main()函数的开头部分。

（2）遇到调用 a()函数的语句，转去执行 a()函数。

（3）执行 a()函数的开头部分。

（4）遇到调用 b()函数的语句，转去执行 b()函数。

（5）执行 b()函数，如果没有其他嵌套调用的函数，那么完成 b()函数的全部操作。

（6）返回到 a()函数调用 b()函数的位置。

（7）继续执行 a()函数没有执行的部分，直至 a()函数结束。

（8）返回到 main()函数调用 a()函数的位置。

（9）继续执行 main()函数没有执行的部分，直至 main()函数结束。

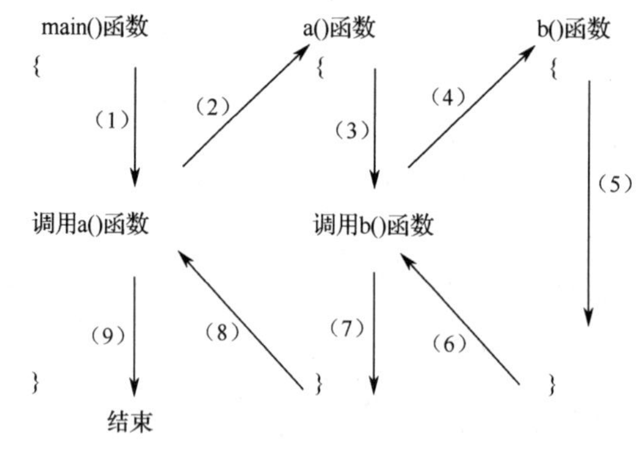

图 6-11　函数的嵌套调用

【例 6.8】 函数的嵌套调用举例。

```
#include<stdio.h>
void p();
```

```
void q();
main()
{
    printf("start\n");
    p();
    printf("end\n");
}
void p()
{
    printf("11111\n");
    q();
    printf("*****\n");
}
void q()
{
    printf("$$$$$\n");
}
```

程序运行结果如图 6-12 所示。

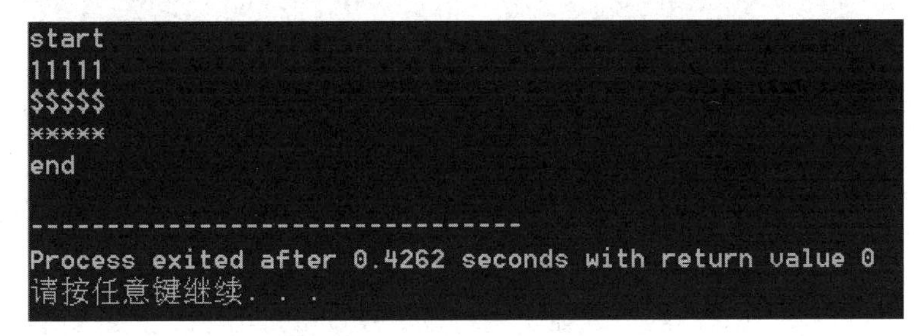

图 6-12　例 6.8 运行结果

上述程序的执行过程如下。

（1）执行 main()函数的开头部分，并输出 start。

（2）遇到调用 p()函数的语句，转去执行 p()函数。

（3）执行 p()函数的开头部分，并输出 11111。

（4）遇到调用 q()函数的语句，转去执行 q()函数。

（5）执行 q()函数，并输出字符串$$$$$。

（6）返回到 p()函数调用 q()函数的位置。

（7）继续执行 p()函数没有执行的部分，并输出*****。

（8）返回到 main()函数调用 p()函数的位置。

（9）继续执行 main()函数没有执行的部分，并输出 end。

【例 6.9】 调用自定义阶乘函数，求 1!+2!+3!+⋯+*n*!的值。

```
#include<stdio.h>
main()
{
    int i,n;
```

```
    long sum=0;
    long fac(int n);                //被调函数在主调函数后面，需要先声明
    printf("Enter n:");
    scanf("%d",&n);
    for(i=1;i<=n;i++)
        sum=sum+fac(i);             //调用自定义函数
    printf("%ld\n",sum);
}
long fac(int n)                     //定义 fac()函数
{
    long f=1;
    if(n<0) return 0;
    for(;n>0;n--)
        f*=n;
    return f;
}
```

程序运行结果如图 6-13 所示。

图 6-13　例 6.9 运行结果

fac()函数可以写在 main()函数之前，也可以写在 main()函数之后。计算机在执行程序时，是从 main()函数开始执行的。第 6 行是对 fac()函数的声明，第 10 行是对 fac()函数的调用，函数执行到第 10 行（for 语句的循环体）时，程序先转到第 13 行开始执行 fac()函数，再返回到 for 语句继续执行，来回往复，直至 for 语句执行结束，开始执行 main()函数后面的语句，得到结果并输出。

*6.6　函数的递归调用

在 C 语言中，一个函数除可以调用其他函数外，还可以调用自身。在程序执行的过程中，函数直接或间接地调用自身，被称为函数的递归调用。例如：

```
int f1(int x)
{
    int y,z;
    z=f1(y);
    return(2*z);
}
```

在 f1()函数中调用 f1()函数，就是直接递归调用（需要注意死循环问题），如图 6-14 所示。

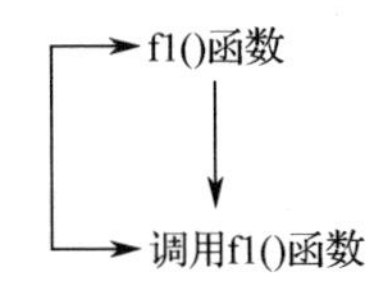

图 6-14　直接递归调用

如果在调用 f1()函数的过程中又要调用 f2()函数，在调用 f2()函数的过程中又要调用 f1()函数，则是间接递归调用，如图 6-15 所示。

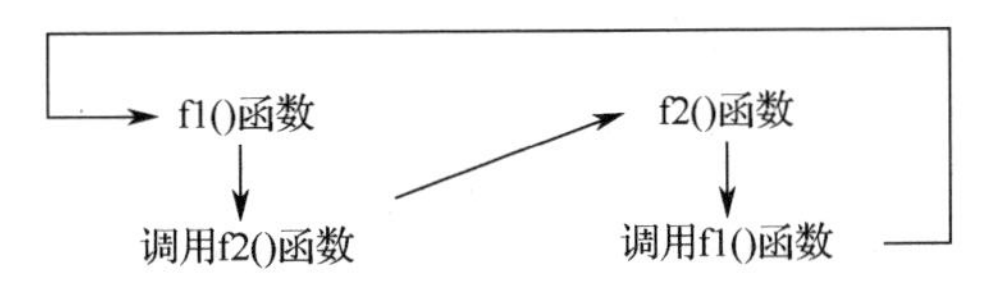

图 6-15　间接递归调用

从图 6-14 和图 6-15 可以看出，这两个函数的递归调用都是无限次数的自身调用。一般在程序中不应出现这种无限次数的自身调用，只能出现有限次数的递归调用，这时，可以用 if 语句来终止函数的调用。

关于递归的概念，对于初学者来说不好理解，下面用一个简单的例子来说明。

【例 6.10】 有 4 个人坐在一起，问第 4 个人多少岁，他说比第 3 个人大 2 岁。问第 3 个人多少岁，他说比第 2 个人大 2 岁。问第 2 个人多少岁，他说比第 1 个人大 2 岁。问第 1 个人多少岁，他说 10 岁。求第 4 个人多大。

显然，这是一个函数递归调用的问题。要求第 4 个人的年龄，就必须知道第 3 个人的年龄，而要求第 3 个人的年龄，就必须知道第 2 个人的年龄，第 2 个人的年龄又取决于第 1 个人的年龄。每个人的年龄都比前面一个人的年龄大 2 岁，即

age(4)=age(3)+2

age(3)=age(2)+2

age(2)=age(1)+2

age(1)=10

可以用如下数学公式表示：

$$\text{age}(n)=\begin{cases}10 & n=1\\ \text{age}(n-1)+2 & n>1\end{cases}$$

显然，当 n>1 时，求第 n 个人的年龄的公式是相同的。因此，可以用一个函数表示上面的关系。图 6-16 给出了求第 4 个人年龄的过程。

求解过程分为两个阶段：第一个阶段采用回推法，即将第 n 个人的年龄表示为第 $n-1$ 个人的年龄的函数，而第 $n-1$ 个人的年龄仍不知道，应回推到第 $n-2$ 个人的年龄，以此类推，直到回推到第 1 个人的年龄。这时，age(1)已知，不必再回推了。开始第二阶段，采用递推法，由第 1 个人的年龄推出第 2 个人的年龄，由第 2 个人的年龄推出第 3 个人的年龄，由第 3 个人的年龄推出第 4 个人的年龄。可以得知，一个递归问题可以分为“回推”和“递

推”两个阶段。要经历若干步才能求出最后的值。显然，递归不是无限地执行下去，必须具有一个结束递归的条件，如 age(1)=10，就是结束递归的条件。

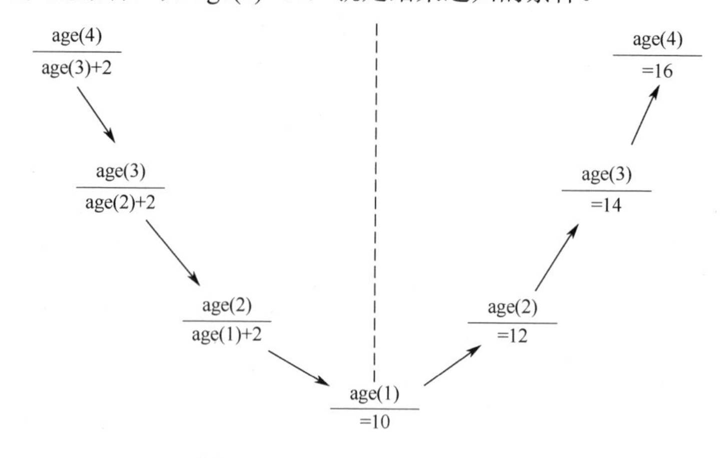

图 6-16　求第 4 个人年龄的过程

定义一个 age()函数，用以描述上面的递归过程。

```
int age(int n)
{
    int c;
    if(n==1)
        c=10;
    else
        c=age(n-1)+2;
    return (c);
}
```

在 main()函数中调用 age()函数，求得第 4 个人的年龄。

```
#include<stdio.h>
void main()
{
    printf("%d\n",age(4));
}
```

程序运行结果如图 6-17 所示。

图 6-17　例 6.10 运行结果

本例通过调用 age(4)函数来解决。递归求解过程如图 6-18 所示。

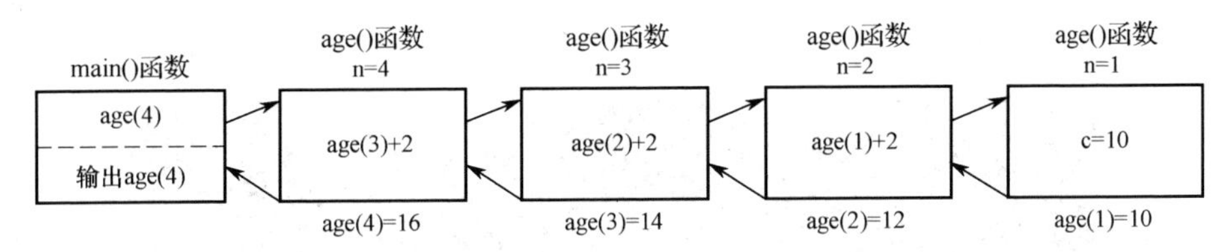

图 6-18　递归求解过程

可以看出，age()函数共被调用了 4 次，即 age(4)、age(3)、age(2)、age(1)。其中，age(4)是在 main()函数中调用的，其余 3 次是在 age()函数中自己调用的，即递归调用 3 次。仔细分析调用过程可知，在某个 age()函数的调用过程中，并没有得到确定的 age(n)的值，而是通过一次又一次的递归调用，直到 age(1)才得到确定的值，并返回到 age(2)、age(3)、age(4)的调用点，递推出 age(2)、age(3)、age(4)的值。

【例 6.11】 用递归法求 $n!$。

可以通过递推法求 $n!$，即从 1 开始乘 2，再乘 3，再乘 4，以此类推，一直到乘 n。这种方法容易理解也容易实现。递推法的特点是先从已知的事实出发，按一定的规律推出下一个事实，再根据已推出的事实，推出下一个未知的事实，以此类推，这和递归法是不同的。

求 $n!$也可以用递归法，即 6!=6×5!，5!=5×4!……

可以用下面的递归公式表示：

$$n! = \begin{cases} 1 & n = 0,1 \\ n \times (n-1)! & n > 1 \end{cases}$$

```
#include<stdio.h>
main()
{
    int fac(int n);      //声明函数
    int n;
    int y;
    printf("请输入一个整数：");
    scanf("%d",&n);
    y=fac(n);            //调用函数
    printf("%d!=%d\n",n,y);
}
int fac(int n)           //定义函数
{
    float f;
    if(n<0)              //如果 n<0，那么 n 的阶乘不存在
    {
      printf("n<0,dateerror");
    }
    else
    if(n==0||n==1)       //如果 n=0 或 n=1，那么 n 的阶乘为 1
      f=1;
    else
      f=fac(n-1)*n;      //如果 n>1，则调用 fac(n-1)函数求 n 的阶乘
    return(f);
}
```

程序运行结果如图 6-19 所示。

```
请输入一个整数：10
10!=3628800

--------------------------------
Process exited after 9.888 seconds with return value 0
请按任意键继续. . .
```

图 6-19　例 6.11 运行结果

例 6.11 是典型的递归函数调用的应用。上述程序在 main()函数中首先声明 fac(n)函数，然后输入一个整数 n，调用 fac(n)函数，fac(n)函数在被调用时，如果 n>1 那么会不断调用自身直至 n=1，结束函数调用，最终返回 main()函数，输出结果。

*6.7　数组作为函数的参数

变量可以作为函数的参数，数组也可以作为函数的参数。数组元素作为函数的参数时数组元素的使用方法与变量作为函数的参数时变量的使用方法相同。此外，数组名也可以作为函数的参数，它传递的是数组的首地址。

1. 数组元素作为函数的参数

由于实参可以是表达式，数组元素可以是表达式的组成部分，因此数组元素可以作为函数的参数。同变量作为函数的参数一样，数组元素也采用单向“值传递”的方式。

【例 6.12】 有两个数组，分别为 a1 和 a2，它们中各有 10 个元素，将它们中的元素进行逐个比较，即 a1[0]与 a2[0]比较，a1[1]与 a2[1]比较……如果数组 a1 中的元素大于数组 a2 中的相应元素的数目多于数组 a2 中的元素大于数组 a1 中的相应元素的数目（a1[i]>a2[i]6 次，a2[i]>a1[i]3 次，其中 i 每次为不同的值），那么认为数组 a1 大于数组 a2，分别统计出两个数组相应元素大于、等于、小于的次数。

```
#include<stdio.h>
main()
{
    int large(int x,int y);
    int a1[10],a2[10],i,n=0,m=0,k=0,v;
    printf("输入数组 a1:\n");
    for(i=0;i<10;i++)
        scanf("%d",&a1[i]);
    printf("\n");
    printf("输入数组 a2:\n");
    for(i=0;i<10;i++)
        scanf("%d",&a2[i]);
    printf("\n");
    for(i=0;i<10;i++)
```

```
    {
        v=large(a1[i],a2[i]);
        if(v==1) n=n+1;
        else if(v==0) m=m+1;
        else k=k+1;
    }
    printf("a1[i]>a2[i]  %d  times\n",n);
    printf("a1[i]<a2[i]  %d  times\n",k);
    printf("a1[i]=a2[i]  %d  times\n",m);
    if(n>k)
        printf("array a1 is larger than array a2\n");
        else if(n<k) printf("array a1 is smaller than array a2\n");
        else
    printf("array a1 is equal to array a2\n");
}

large(int x,int y)
{
    int flag;
    if(x>y)
       flag=1;
    else if(x<y)
       flag=-1;
    else flag=0;
    return(flag);
}
```

程序运行结果如图 6-20 所示。

```
输入数组a1:
1 2 3 4 5 6 7 8 9 0

输入数组a2:
2 3 4 5 6 7 8 9 9 10

a1[i]>a2[i]  0  times
a1[i]<a2[i]  9  times
a1[i]=a2[i]  1  times
array a1 is smaller than array a2

--------------------------------
Process exited after 29.95 seconds with return value 0
请按任意键继续. . .
```

图 6-20　例 6.12 运行结果

2．数组名作为函数的参数

在 C 语言中，可以用数组名作为函数的参数，此时实参与形参都可以是数组名。由于数组名代表的是数组的首地址，因此在传递实参的过程中，将实参数组的首地址传递给形参数组，此时形参数组的首地址就是实参数组的首地址，系统并没有为形参数组开辟新的存储单元，而是形参数组和实参数组共用存储单元。被调函数中的形参数组中各元素的值就是实参数组中对应的各元素的值，在被调函数中如果改变了形参数组中各元素的值，实际上也就改变了实参数组中对应的各元素的值。

【例 6.13】 有一个一维数组 score，该数组内存放了 8 名学生的成绩，求这 8 名学生的平均成绩。

```
#include<stdio.h>
main()
{
    float average(float array[8]);      //声明函数
    float score[8],ave;
    int i;
    printf("Input 8 scores:\n");
    for(i=0;i<8;i++)
       scanf("%f",&score[i]);
    ave=average(score);
    printf("Average score is %4.1f\n",ave);
}
float average(float array[8])
{       //定义函数
    int i;
    float ave,sum=0;
    for(i=0;i<8;i++)
    sum+=array[i];
    ave=sum/8;
    return(ave);
}
```

程序运行结果如图 6-21 所示。

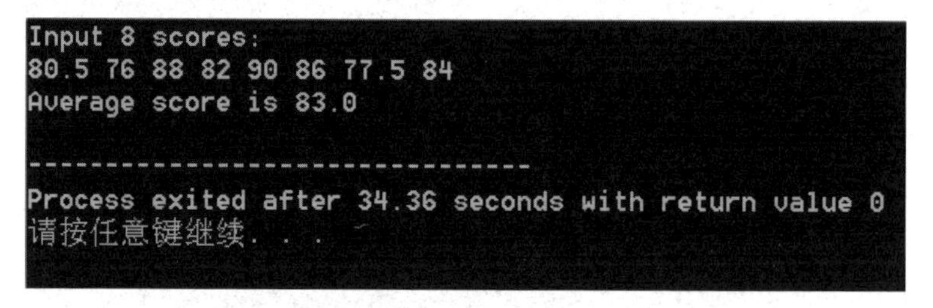

图 6-21　例 6.13 运行结果

数组名作为函数的参数的说明如下。

（1）当数组名作为函数的参数时，可以在主调函数和被调函数中分别定义数组。例如，例 6.13 中的 array 是形参数组名，score 是实参数组名，它们分别在所在的函数中定义。

（2）实参数组和形参数组的类型要一致，否则会出错。

（3）例 6.13 中的被调函数中声明了形参数组的大小为 8，但是实际上可以不指定形参数组的大小，这是因为 C 语言系统不对形参数组的大小进行检查，只将实参数组元素的首地址传给形参数组。形参数组首元素 array[0]和实参数组首元素 score[0]具有同一地址，它们共同占用一个存储单元，形参数组元素 array[n]和实参数组元素 score[n]共同占用一个存储单元，形参数组元素 array[n]和实参数组元素 score[n]具有相同的值。

【例 6.14】 有一个 3×4 的矩阵，求其中的最大元素。

```
#include<stdio.h>
main()
{
    int maxval(int array[3][4]);
    int a[3][4]={{1,-3,10,12},{2,120,15,19},{6,-6,22,32}};
    printf("max value is %d\n",maxval(a));
}
int maxval(int array[3][4])
{
    int i,j,max;
    max=array[0][0];
    for(i=0;i<3;i++)
    {                   //通过 for 语句的嵌套求 3×4 的矩阵中的最大元素
        for(j=0;j<4;j++)
        {
            if(array[i][j]>max) max=array[i][j];
        }
    }
    return(max);     //返回 max
}
```

程序运行结果如图 6-22 所示。

```
max value is 120

--------------------------------
Process exited after 0.3781 seconds with return value 0
请按任意键继续. . .
```

图 6-22　例 6.14 程序运行结果

*6.8　函数中变量的作用域

6.8.1　局部变量

在一个函数内定义的变量是内部变量，它只在本函数内使用，这种变量被称为局部变量。

例如：

```
int f1(int a)             //f1()函数
{int b,c;
```

```
…                        //a, b, c 有效
}
int f2(int x,int y)      //f2()函数
{
int i,j;                 //x, y, i, j 有效
}
void main()              //main()函数
{int m,n;
…                        //m, n 有效
}
```

说明如下。

（1）main()函数中定义的变量 m 和 n 只在 main()函数中有效，不会因为变量 m 和 n 在 main()函数中定义就在整个文件或程序中有效。main()函数中也不能使用其他函数中定义的变量。

（2）不同函数中可以使用相同名称的变量，它们分别代表不同的对象，互不干扰。例如，已在 f2()函数中定义变量 i 和 j，倘若在 f1()函数中也定义变量 i 和 j，那么它们在内存中占用不同的存储单元，互不干扰。

（3）形参也是局部变量。例如，f1()函数中的形参 a，只在 f1()函数中有效。其他函数可以调用 f1()函数，但不能调用 f1()函数中的形参 a。

（4）在一个函数内部，可以在复合语句中定义变量，这些变量只在复合语句中有效，这种复合语句也称分程序或程序块。

```
void main()
{
    int a,b;
    …
    {
        int c;
        c=a+b;      变量 c 在此范围内有效      变量 a 和 b 在此范围内有效
        …
    }
…
}
```

其中，变量 c 只在复合语句（分程序）中有效。离开复合语句，变量 c 无效，存储单元被释放。

6.8.2 全局变量

如果变量定义在所有函数的外部，则称该变量为全局变量。它可以定义在源文件的开头，也可以定义在两个函数的中间或者源文件的末尾。它的作用域是从它的定义语句开始到源文件结束。全局变量可以被其作用域内的多个函数使用或修改。另外，还可以通过引用声明（利用关键字 extern），使其作用域扩大至整个源文件中，甚至扩大至本程序的其他

文件中。全局变量的作用范围是程序级或文件级的。全局变量在整个程序执行过程中都独自占用固定的存储单元，并保留其值。全局变量在整个程序执行过程中一直存在。没有被初始化的全局变量的值为 0 或\0。

【例 6.15】 全局变量与局部变量同名。

```
#include<stdio.h>
int x=10,y=6;                         //x 和 y 均为全局变量
max(int x,int y)
{
    int z;
    z=x>y?x:y;                        //x 和 y 的作用域
    return(z);
}
main()
{
    int x=3;
    printf("%d\t",max(x,y));
    {
        int x=1;                      //x 为复合语句内定义的局部变量
        y=2;
        printf("%d\t",max(x,y));
}
printf("%d\n",max(x,y));
}
```

程序运行结果如图 6-23 所示。

图 6-23　例 6.15 运行结果

说明如下。

（1）本程序中重复使用 x 和 y 作为变量名，需要区分不同 x 和 y 的含义和作用范围。

（2）若局部变量与全局变量同名，则在它们的公共作用范围内，局部变量起作用，全局变量被“屏蔽”（存在但不可见），不起作用。

注意，变量的作用域是指变量的有效范围，变量可见性是指变量是否可以引用。二者既有联系，又有差别。

（3）若同一个函数在不同程序中有同名变量，则在它们的公共作用范围内起作用的是内部局部变量，外部同名变量暂时被挂起。

【例 6.16】 分析下面程序的运行结果。

```
#include<stdio.h>
```

```
int x,y;                //x 和 y 的定义，x 和 y 的作用域从此开始
void swap()
{   int t;
    t=x;x=y;y=t;
}
main()
{   scanf("x=%d,y=%d",&x,&y);
    swap();
    printf("x=%d,y=%d\n",x,y);
}
```

程序运行结果如图 6-24 所示。

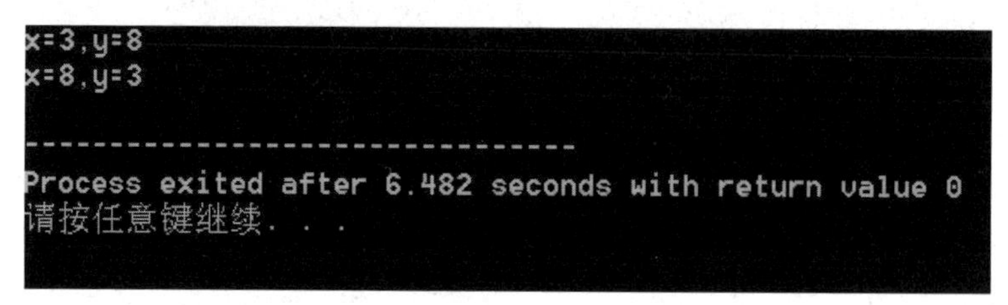

图 6-24　例 6.16 运行结果

若输入 x=3,y=8，则输出 x=8,y=3。

本程序是利用全局变量 x 和 y 来实现 main()函数与 swap()函数之间的数据传递的。通过调用 swap()函数，可以达到交换变量 x 和 y 的值的目的。需要注意的是，一般不提倡使用全局变量，原因如下。

（1）虽然全局变量可以增加函数之间数据传递的渠道，但是全局变量在程序执行的整个过程中都占用存储单元，而不是仅在需要时占用存储单元。即使正在执行的函数用不到全局变量，它们也要占用存储单元，这样会造成浪费。

（2）在函数中使用全局变量后，要求在调用该函数的过程中都使用这些全局变量，从而降低函数的可移植性，影响函数的独立性。

（3）在程序的结构化设计中划分模块时，要求模块的内聚性强，以及与其他模块的耦合性弱。而在函数中使用全局变量后，各函数之间的相互影响变大，从而使函数的内聚性变弱，而与其他模块的耦合性增强。因此，在程序设计中，一般要求 C 语言程序中的函数为一个封闭的整体，除可以通过"实参—形参"的渠道与外界发生联系外，其他渠道都不可以使用。这样的程序移植性好，可读性强。

（4）在函数中使用全局变量，会降低程序的可读性、清晰性。因为在各个函数的执行过程中，都可能改变全局变量的值，使用户难以清楚地判断出每个瞬间各个全局变量的值，进而因忽略或使用不当而导致全局变量发生意外改变，产生难以查找的错误。

在选择变量时，可以依照下面两条原则进行。

（1）当变量只在某个函数或复合语句中使用时，不要将其定义成全局变量。

（2）当多个函数都要引用同一个变量时，应在这些函数上面定义全局变量，而且定义要尽量靠近这些函数。

本章小结

本章主要介绍了以下内容。

（1）C 语言程序总是从 main()函数开始执行的。main()函数可以调用其他函数，其他函数之间可以相互调用，但任何函数都不能调用 main()函数，在一个源程序中，只有一个 main()函数。

（2）按不同特性可以将函数划分为不同的种类，如标准库函数和自定义函数、有返回值的函数和无返回值的函数、有参函数和无参函数、内部函数和外部函数。

（3）函数的参数分为形参和实参。

（4）允许函数嵌套调用和递归调用，不允许函数嵌套定义。

（5）按变量的作用域划分，变量分为局部变量和全局变量。

习题 6

一、选择题

1. 在定义函数时，若省略了函数类型说明符，则该函数类型是（　　）。

A．整型　　B．单精度型　　C．长整型　　D．双精度型

2. 在 C 语言中，有关函数的说法正确的是（　　）。

A．函数可以嵌套定义，也可以嵌套调用

B．函数可以嵌套定义，但不可以嵌套调用

C．函数不可以嵌套定义，但可以嵌套调用

D．函数不可以嵌套定义，也不可以嵌套调用

3. 函数调用可以出现在（　　）中。

A．函数语句　　B．函数表达式　　C．函数的参数　　D.以上都是

4. 被调函数调用结束后，返回到（　　）。

A．主调函数中被调函数调用语句的后一条语句

B．主调函数中被调函数调用语句的前一条语句

C．主调函数中被调函数调用语句处

D．main()函数中被调函数调用语句处

5. 在数组名作为实参传递给函数时，数组名被处理为（　　）。

A．该数组的长度　　B．该数组的元素个数

C．该数组的首地址　　D．该数组中各元素的值

6. 以下函数调用语句中，实参的个数是（　　）。

```
fun((a,b),c,(d,e,f));
```

A．3　　B．4　　C．5　　D．6

7．以下函数调用语句中，不正确的是（　　）。

A．max(a,b);　　B．max(3,a+b);　　C．max(3,5);　　D．int max(a,b);

8．以下叙述中，错误的是（　　）。

A．形参是局部变量

B．复合语句中定义的变量只在该复合语句中有效

C．main()函数中定义的变量在整个程序中有效

D．其他函数中定义的变量在 main()函数中不能使用

9．若函数类型和 return 语句中的表达式类型不一致，则（　　）。

A．运行时会出现不确定结果

B．返回值类型以函数类型为准

C．编译时会出错

D．返回值类型以 return 语句中表达式类型为准

二、填空题

1．已知 sum()函数的返回值为 *m* 的所有因子之和。请填空。

```
#include<stdio.h>
sum(____________________)
{   int s=0,i;
    for(i=1;i<=m;i++)
    if(____________________) s=s+1;
        ____________________;
}
void main()
{   int s1,x;
    scanf("x=%d",&x);
    s1=sum(x);
    printf("s1=%d\n",s1);
}
```

2．以下程序中，main()函数调用了 LineMax()函数，实现在 *N* 行 *M* 列的二维数组中找出每行的最大值。请填空。

```
#include<stdio.h>
#define N 3
#define M 4
void LineMax(int x[N][m])
{   int i,j,max;
    for(i=0;i<N;i++)
    {  max=x[i][0];
       for(j=1;j<M;j++)
         if(max<x[i][j]) ____________________;
       printf("The max value in line %d\n",I, ____________________);
    }
```

```
}
void main()
{   int x[N][M]={1,5,7,4,2,6,4,3,8,2,3,1};
    LineMax(x);
}
```

三、编程题

1．通过函数的嵌套，求正整数 *m* 和 *n* 的最小公倍数。

提示：正整数 *m* 和 *n* 的最小公倍数等于它们的积除以最大公约数。设计正整数 *m* 和 *n* 的最小公倍数和最大公约数的函数分别为 sct(m,n)函数和 gcd(m,n)函数，即 sct(m,n)=m*n/gcd(m,n)。

2．编写一个判断素数的函数，要求在 main()函数中输入一个整数，输出其是否为素数。

3．有一个一维数组，存放了 10 名学生的成绩。编写一个函数，求出所有学生成绩的平均分、最高分和最低分。

第7章 指　　针

本章主要内容

- 变量的地址和指针
- 指针变量的定义和基类型
- 为指针变量赋值
- 对指针变量的操作
- 函数之间地址值的传递

指针是C语言中一个重要的数据类型，也是C语言重要的特色之一。正确、灵活地使用指针，可以有效地表示复杂的数据结构，实现动态内存分配，更方便、灵活地使用数组和字符串，实现各函数之间多种数据的快速传递。指针的出现极大地丰富了C语言的功能。使用指针可以使程序简洁、紧凑、高效。学习和使用C语言，应该深入学习和掌握指针。由于指针的概念比较复杂，因此对于初学者来说，在学习指针时经常会感到较难理解。若指针使用不好，反而会给初学者带来一些麻烦。

指针是学习C语言的难点和重点之一，掌握不好指针，就很难学好C语言。在学习指针时，必须从指针的概念入手，了解什么是指针，如何定义指针变量，指针变量与其他类型变量的区别，并掌握指针在数组、函数等方面的应用。

微课视频

7.1　变量的地址和指针

要理解指针的概念，必须先弄清楚数据在计算机内存中是如何存储和读取的。程序中的一个变量实际上代表了内存中的某个存储单元。在计算机中，所有数据及正在运行的程序都是存放在内存中的。内存由线性连续的存储单元组成，一般把内存中的1字节称为1个存储单元，不同的数据类型占用的存储单元数不同，如整型变量占用2个存储单元（有的系统占用4个存储单元），字符变量占用1个存储单元等。为了能正确地对这些存储单元进行访问，必须为每个存储单元编号。根据存储单元的编号，能准确地找到该存储单元，存储单元的编号也称地址。由于根据存储单元的编号就可以找到所需的存储单元，因此通常也将这个地址称为指针。存储单元的指针和存储单元的内容是两个不同的概念，可以用一个简单的例子来说明它们之间的关系。到宾馆去探访客人时，前台工作人员将根据提供的客人姓名或者房间号找到客人。在这里，客人姓名相当于变量名，房间号相当于指针，而客人是变量或指针中的内容。对于一个存储单元来说，单元的地址即指针，其中存放的数据才是该单元的内容。

在C语言中，允许用一个变量来存放指针，这种变量被称为指针变量。因此，一个指针变量的值就是某个存储单元的地址或某个存储单元的指针。如果在程序中定义了一个变量，那么在对程序进行编译时，系统就会给这个变量分配存储单元。系统会根据程序中定义的变量类型，分配一定长度的空间，所分配存储单元的首地址被称为变量的地址，此后，这个变量对应的存储地址也就确定了。若程序需要处理这个变量，则可以通过该地址来处理。例如，假设指针变量 p 中存放了字符变量 c 的地址，通常可以形象地描述为指针变量 p 指向字符变量 c，如图 7-1 所示。

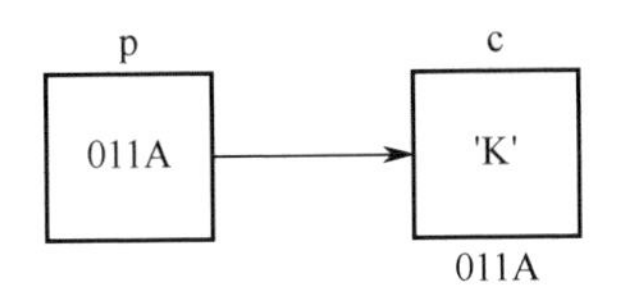

图 7-1　指针变量 p 指向字符变量 c

字符变量 c 中的内容为'K'，字符变量 c 占用了 011A（地址通常用十六进制数表示）号单元，指针变量 p 中的内容为 011A，这种情况可以称指针变量 p 指向字符变量 c，或者说指针变量 p 是指向字符变量 c 的指针。当要访问字符变量 c 的存储单元时，可以采用直接访问的方式，还可以通过指针变量 p 来访问（使用对应的运算符）。其访问过程是：先访问（直接访问）指针变量 p 的存储单元，其中存放的是字符变量 c 的地址，再根据该地址访问字符变量 c 的存储单元。这是对变量的存储单元访问的另外一种方式，被称为间接访问。

严格来说，一个指针就是一个地址，是一个常量。而一个指针变量却可以在不同时刻被赋予不同的值，是一个变量。为了避免混淆，约定指针是指地址，是常量，指针变量是指取值为地址的变量。定义指针的目的是通过指针访问存储单元。既然一个指针就是一个地址，那么这个地址不仅可以是变量的地址，而且可以是其他数据结构的地址。在一个指针变量中存放一个数组或一个函数的首地址有何意义呢？ 因为数组或函数都是连续存放的，所以通过访问指针变量取得了数组或函数的首地址，也就找到了该数组或函数。这样一来，凡是出现数组或函数的地方，都可以用一个指针变量来表示，只要该指针变量被赋予数组或函数的首地址即可。这样做，将会使程序的概念十分清楚，程序本身也更加精练、高效。

在 C 语言中，一种数据类型或数据结构往往都占用一组连续的存储单元。 用“地址”这个概念并不能很好地描述一种数据类型或数据结构，而“指针”虽然实际上也是一个地址，但它是一个数据结构的首地址，是指向一个数据结构的，因而用“指针”这个概念更为清楚，表示更为明确。这也是引入“指针”这个概念的一个重要原因。在 C 语言中，指针提供了一种间接访问其他对象的手段，可以通过为指针变量赋不同的值，使其指向发生改变。利用这种机制能够更加灵活、方便地实施对各种对象的操作。

7.2　指针变量的定义和基类型

指针变量遵循先定义后使用的原则。对指针变量的定义包括以下 3 部分内容。

（1）指针类型说明，即定义变量为一个指针变量。

（2）指向变量的类型。

（3）指针变量名。

其一般形式如下：

```
类型名 *指针变量名;
```

例如：

```
int  *p1;
```

以上定义中，p1 是用户标识符；在变量前的*是一个说明符，用来说明该变量是指针变量。

注意，变量前的*不可省略，若省略了*，则代表将 p1 定义为整型变量。int 是类型名，在这里说明了 p1 是指向整型变量的指针，也就是说，指针变量 p1 只能存放整型变量的地址，这时称整型是指针变量 p1 的基类型。指针变量的基类型用来指定该指针变量可以指向的变量的类型。

又如：

```
int  *p2;                /*p2 是指向整型变量的指针变量*/
float *p3;               /*p3 是指向实型变量的指针变量*/
char *p4;                /*p4 是指向字符变量的指针变量*/
```

在这里定义了 3 个指针变量，即 p2、p3、p4，其中，指针变量 p2 的基类型为整型；指针变量 p3 的基类型为实型，在指针变量 p3 中，只能存放实型变量的地址；指针变量 p4 的基类型为字符型，在指针变量 p4 中只能存放字符变量的地址。*表示其后的变量是指针变量，如 p1、p2、p3、p4 都是指针变量，而不要认为*p 是指针变量。

需要注意的是，一个指针变量只能指向相同数据类型的变量，如指针变量 p3 只能指向实型变量，不能时而指向实型变量，时而指向字符变量。下面定义的 p 为一个指向指针的指针变量。

```
int k=2,*s,**p;
s=&k;
p=&s;
```

在这里，指针变量 p 的基类型为整型。以上赋值语句中的&表示取地址运算符；s=&k 表示将整型变量 k 的地址赋给指针变量 s，而使指针变量 s 指向整型变量 k；p=&s 表示将指针变量 s 的地址赋给指针变量 p，使指针变量 p 指向指针变量 s，此处指针变量 p 也称二级指针。

一个指针变量中存放的是一个存储单元的地址值，“一个存储单元”中的“一”代表的字节数是不同的。对整型变量而言，它代表 2 字节；对实型变量而言，它代表 4 字节，这就是基类型的不同含义。对于基类型不同的指针变量，它的内容（地址值）增 1、减 1 所“跨越”的字节数是不相同的。因此，指针变量必须区分基类型，基类型不同的指针变量不能混合使用。指针变量存放的是指向的某个变量的地址值，而普通变量存放的是该变量本身的值。这是指针变量与普通变量的显著差别之一。

7.3　为指针变量赋值

7.3.1　为指针变量赋地址值

指针变量与前面接触到的普通变量一样，使用之前不仅要定义，而且必须赋值。未经赋值的指针变量不能直接使用，否则将造成系统错误甚至死机。在C语言中，变量的地址是由系统分配的，对用户完全透明，用户一般不需要知道变量的具体地址。一个指针变量可以通过不同的方式获得一个确定对象的地址值，从而指向一个具体的对象。

两个有关的运算符如下。

&：取地址运算符。

*：取内容运算符（或称“间接访问”运算符）。

C语言中用&来表示变量的地址。

其一般形式为：

```
&变量名
```

例如，&a表示变量a的地址，&b表示变量b的地址。变量本身必须提前说明。

假设有指向整型变量的指针变量p，要把整型变量a的地址赋予指针变量p，有以下两种方式。

指针变量初始化的方法如下：

```
int a;
int *p=&a;
```

赋值语句的方法如下：

```
int a;
int *p;
p=&a;
```

由于不允许把一个值赋予指针变量，因此下面的赋值语句是错误的。

```
int *p;
p=1000;
```

被赋值的指针变量前不能加*，如写为*p=&a是错误的。

有以下定义：

```
int  i=1, *p,*q;
```

上述赋值语句定义了整型变量i，还定义了两个指向整型变量的指针变量p和q。整型变量i中可以存放整数，而指针变量p中只能存放整型变量的地址。可以把整型变量i的地址赋给指针变量p，代码如下：

```
p=&i;
```

此时，指针变量p指向整型变量i，若整型变量i的地址为1800，则可以通过指针变量

p 和 q 间接访问整型变量 i。例如：

```
x= *p;
```

*访问指针变量 p 指向的存储单元的内容，而指针变量 p 中存放的是整型变量 i 的地址，*p 访问的是地址为 1800 的存储单元（因为是整数，实际上是从 1800 开始的 2 字节），也就是整型变量 i 占用的存储单元，所以上面的赋值语句等价于 x=i。

另外，指针变量和一般变量一样，存放在它们中的值是可以改变的。也就是说，可以改变它们的指向。通过赋值运算，可以将一个指针变量中的地址值赋给另一个指针变量，从而使这两个指针变量指向同一地址。例如，若已有以上定义，则可以有语句：

```
q=p;
```

注意，当进行赋值运算时，赋值号两侧指针变量的类型必须相同。

若已有定义：

```
int a,*p=&a;
```

观察下面 3 条语句：

```
scanf("%d",&a);
scanf("%d",&*p);
scanf("%d",p);
```

上述 3 条语句都是完成“输入一个整数到变量 a 中”的运算，它们是等价的。注意，*与&具有相同的优先级，结合方向从右至左。这样，&*p 即&(*p)，是对*p 取地址，它与&a 等价，p 与&(*p)等价，a 与*(&a)等价。

根据 scanf()函数的要求，输入项必须用地址形式，在第 3 条语句中没有对 p 取地址，是因为指针变量 p 中存放的是变量 a 的地址。若写成 scanf("%d",&p);，则是错误的。

通过指针访问它指向的一个变量是以间接访问的形式进行的，比直接访问一个变量要更费时间而且不直观。通过指针要访问哪个变量，取决于指针的值（指向），例如，*p2=*p1;实际上就相当于 j=i;（假设 p2 已指向 j，p1 已指向 i），前者不仅速度慢而且目的不清晰。但由于指针是变量，因此通过改变它们的指向可以间接访问不同的变量，这为程序带来了灵活性，也使程序编写得更为简洁和有效。

指针变量可以出现在表达式中。例如：

```
int x,y,*px=&x;
```

指针变量 px 指向整型变量 x，而*px 可以出现在整型变量 x 能出现的任何地方。例如：

```
y=*px+5;     /*表示将整型变量 x 的内容加 5 并赋给变量 y*/
y=++*px;     /*指针变量 px 的内容加 1 之后赋给变量 y，++*px 相当于++(*px)*/
```

【例 7.1】 通过指针访问变量。

```
#include <stdio.h>
int main( ) {
    int a,b;                          //定义两个整型变量
```

```
        int *pointer_1, *pointer_2;     //定义两个指针变量，用于指向整型变量
        a=100;b=10;
        pointer_1=&a;
        pointer_2=&b;
        printf("%d,%d\n",a,b);
        printf("%d,%d\n",*pointer_1, *pointer_2);  //间接访问，取内容
        return 0;
    }
```

程序运行结果如图 7-2 所示。

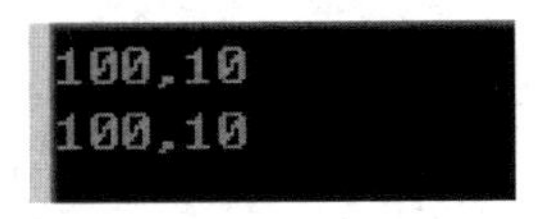

图 7-2　例 7.1 运行结果

说明如下。

（1）在开头处虽然定义了两个指针变量 pointer_1 和 pointer_2，但它们并未指向任何一个整型变量。第 6 行和第 7 行的作用是使指针变量 pointer_1 指向整型变量 a，使指针变量 pointer_2 指向整型变量 b。

（2）两个 printf()函数输出的结果是相同的。

（3）程序中有两处出现*pointer_1 和*pointer_2，请区分它们的不同含义。

（4）第 6 行和第 7 行的 pointer_1=&a 和 pointer_2=&b 不能写成*pointer_1=&a 和*pointer_2=&b。

7.3.2　为指针变量赋其他值

由于指针变量刚定义时的值是不确定的，因而其指向一个不确定的存储单元，若这时引用指针变量则可能会产生错误。为了避免错误的产生，除可以为指针变量赋地址值外，还可以为指针变量赋 NULL 值，以说明该指针变量不指向任何地址。例如：

```
    p=NULL;
```

NULL 是在 stdio.h 头文件中预定义的常量，因此在使用 NULL 时应该在程序的最前面出现预编译命令#include <stdio.h>。NULL 值为 0，当执行了以上赋值语句后，称 p 为空指针。因为 NULL 值为 0，所以以上语句等价于：

```
    p='\0';
```

或

```
    p=0;
```

这时，空指针 p 表示不指向任何地址。当企图通过一个空指针去访问一个存储单元时，将会得到一个错误信息。

注意，虽然可以为指针变量赋值 0，但不能把其他常量地址值赋给指针。

【例 7.2】 为指针变量赋值。

```
#include op<stdio.h>
int main( ) {
    int *p1,*p2,*p,a,b;
    scanf("%d%d",&a,&b);
    p1=&a;p2=&b;              //指针变量 p1 和 p2 分别指向 a 和 b
    if(a<b)
    {
        p=p1;p1=p2;p2=p;      //如果 a<b，则将指针变量 p1 和 p2 的指向进行互换
    }
printf("\na=%d,b=%d\n",a,b);
printf("max=%d,min=%d\n",*p1, *p2);  //输出指针变量 p1 和 p2 指向的内容
return 0;
}
```

程序运行结果如图 7-3 所示。若满足 if 语句的条件，则程序通过指针变量赋值，交换两个指针变量的值，改变指针的指向。

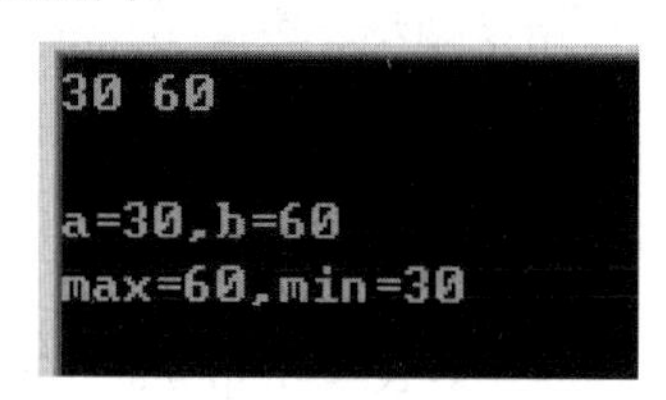

图 7-3 例 7.2 运行结果

7.4 对指针变量的操作

对指针变量的操作即指针运算，是以指针所存放的地址值为运算量进行的运算。指针运算的实质是地址的计算。C 语言有一套自己的适用于指针、数组等地址计算的规则化方法。由于许多运算对地址是没有意义的，因此 C 语言只支持几种有特定意义的指针变量的运算。

7.4.1 指针变量的赋值运算

指针变量可以进行某些运算，但其运算的种类是有限的。它只能进行赋值运算、部分算术运算及关系运算。指针变量在定义后，可以引用。

与指针变量的引用有关的两个运算符如下。

（1）&。&（取地址运算符）是单目运算符，结合性为自右至左，用来取变量的地址。在 scanf()函数及前面介绍为指针变量赋值中，已经了解并使用了&。

【例 7.3】 &的引用。

```
#include <stdio.h>
#include <stdlib.h>
int main( ) {
```

```
        int a;
        float b;
        char c;
        scanf("%d%f",&a,&b);
        printf("%d,%f",a,b);
        return 0;
    }
```

在以上程序中调用 scanf()函数时，用&a 和&b 分别得到变量 a 和 b 的地址，程序运行结果如图 7-4 所示。值得注意的是，&能够作用在一个变量或数组元素上，得到该变量或数组元素的地址，但&不能作用到常量、表达式上。

```
10 0.1
10,0.100000
```

图 7-4　例 7.3 运行结果

（2）*。*（取内容运算符）是单目运算符，结合性为自右至左，用来取变量的内容。在*之后跟的变量必须是指针变量。

【例 7.4】 *的引用。

```
#include <stdio.h>
#include <stdlib.h>
int main( ) {
    int a=3,*p=&a;
    //初始化时将变量 a 的地址存放在指针变量 p 中
    printf("a=%d\n",a);
    printf("*p=%d\n",*p);
    return 0;
}
```

上面程序中定义了变量 a 和 p。其中，变量 a 是普通整型变量，初值为 3，变量 p 是指针变量，初值为变量 a 的地址。第一次调用 printf()函数，输出变量 a 的值 3，这是通过变量名直接访问该变量的存储单元的。第二次调用 printf()函数，输出的还是变量 a 的值 3，*p 表示通过指针变量 p 进行间接访问，表达式的值为指针变量 p 所指向地址中的数据。由于当前指针变量 p 中存放的是变量 a 的地址，因此这里通过指针变量 p 间接访问的是变量 a 的存储单元。程序运行结果如图 7-5 所示。

图 7-5　例 7.4 运行结果

需要注意的是，表达式中的*和指针变量说明中的*不是一个概念。指针变量说明中的*是类型说明符，表示其后的变量是指针变量。而表达式中的*则是一个运算符，用以表示间接访问指针变量指向的变量。

指针变量同普通变量一样，使用之前不仅要定义，而且必须赋予其具体的地址值。赋值是通过将对象（变量等）的地址存入指针变量来实现的。能够为指针变量赋值的只有0、NULL 或同类型变量的地址值。指针变量的赋值运算主要有以下几种形式。

（1）指针变量的初始化赋值。

```
int  a=2,*p=&a;
```

（2）将变量的地址赋予指向相同数据类型的指针变量，使指针指向该变量。

```
int a,*p;
p=&a;  /*将整型变量 a 的地址赋予指针变量 p*/
```

（3）相同类型的指针变量之间的赋值。

```
int a,*pa=&a,*pb;
float *pf;
pb=pa; /*将整型变量 a 的地址赋予指针变量 pb*/
```

由于pa、pb均为指向整型变量的指针变量，因此可以相互赋值。

注意，只有相同类型的指针变量才能相互赋值，如pf=pa是不允许的，这是因为pa是整型指针，而pf是实型指针。

（4）把数组的首地址赋予指向数组的指针变量。

```
int a[5],*pa;
pa=a;
```

由于数组名表示数组的首地址，因此可以赋予指向数组的指针变量pa。

可以写为：

```
pa=&a[0]; /*数组第一个元素的地址也是整个数组的首地址*/
```

也可以采取初始化赋值的方法。例如：

```
int a[5],*pa=a;
```

（5）将字符串的首地址赋予指向字符型的指针变量。

```
char *pc;
pc="C Language";
```

也可以采用初始化赋值的方法。例如：

```
char *pc="C Language";
```

这里并不是将整个字符串赋予指针变量，而是将存放该字符串的存储单元的首地址赋予指针变量。

7.4.2 指针变量的算术运算

由于指针变量是一种特殊的变量，因此其运算也具有特殊性。指针变量的算术运算就是使指针变量加上或减去一个整数，或通过赋值运算，使指针变量指向相邻的存储单元。

对于指向数组的指针变量，可以对该指针变量进行加上或减去一个整数的运算，也可以对指向同一数组的两个指针变量进行相减的运算。若 pa 是指向数组 a 的指针变量，则 pa+n、pa−n、pa++、++pa、pa−−、−−pa 都是合规的。指针变量加上或减去一个整数 *n* 的意义是，把指针从当前位置（指向数组的某个元素）向前或向后移动 *n* 个位置。应该注意，指向数组的指针变量向前或向后移动一个位置和地址加上 1 或减去 1 在概念上是不同的。在对指针变量进行算数运算时，数字 1 不再代表十进制整数 1，而是指一个存储单元的长度。至于一个存储单元的长度占用多少字节，则视指针的基类型而定。数组元素可以有不同的类型，各种类型的数组元素所占用字节数是不同的。如指针变量加上 1，即向后移动一个位置，表示指针变量指向下一个数组元素的首地址，而不是在原地址的基础上加上 1。例如：

```
int a[5],*pa;
pa=a;          /*指针变量 pa 指向数组 a，也指向 a[0]*/
pa=pa+2;       /*指针变量 pa 指向 a[2]，即指针变量 pa 的值为&a[2]*/
```

指针变量的算数运算只能对指向数组的指针变量进行，对指向其他类型变量的指针变量进行是毫无意义的。同样，当指向数组的指针变量+*n* 或−*n* 后，超出了数组的范围也是没有意义的。因此，在程序中对指针变量进行算术运算时，无论指针变量的基类型是什么，只需要简单地加上或减去一个整数，而不必去管它移动的具体长度，系统将会根据指针变量的基类型自动确定移动的字节数。

7.4.3　指针变量的关系运算

与基本类型变量一样，指针变量可以进行关系运算。在关系表达式中，允许对两个指针变量进行全部关系运算。

```
p==q  /*表示指针变量 p 和指针变量 q 指向同一空间 */
p>q   /*表示指针变量 p 指向地址值更大的位置*/
p<q   /*表示指针变量 p 指向地址值更小的位置*/
```

指针变量还可以与 0 进行比较。

若 p 为指针变量，则 p==0 表示 p 是空指针，不指向任何变量；p!=0 表示 p 不是空指针。

空指针是由对指针变量赋值 0 而得到的。

```
#define NULL 0
int *p=NULL;
```

对指针变量赋值 0 和不赋值是不同的。指针变量未赋值时是随机数，不能直接使用，否则可能造成严重错误。而指针变量赋值 0 后，则可以使用，只是它不指向具体的变量。

【例 7.5】 分析以下程序运行结果。

```
#include <stdio.h>
#include <stdlib.h>
int main( ) {
    int a,b,c,*pmax,*pmin;          /*pmax 和 pmin 为整型指针变量*/
    printf("请输入 3 个整数：\n");     /*输入提示*/
```

```
    scanf("%d%d%d",&a,&b,&c);          /*输入 3 个整数*/
    if(a>b){                           /*如果第一个整数大于第二个整数*/
        pmax=&a;                                          /*为指针变量赋值*/
        pmin=&b;                                          /*为指针变量赋值*/
    }
    else{
        pmax=&b;                                          /*为指针变量赋值*/
        pmin=&a;
    }
    if(c<*pmin)  pmin=&c;                                 /*判断并赋值*/
    if(c>*pmax)  pmax=&c;
    printf("max=%d\nmin=%d\n",*pmax,*pmin);               /*输出结果*/
    return 0;
}
```

程序运行结果如图 7-6 所示。

```
请输入3个整数:
10 20 30
max=30
min=10
```

图 7-6　例 7.5 运行结果

*7.5　函数之间地址值的传递

7.5.1　指针变量作为函数的参数

函数的参数的类型不仅可以是整型、实型等基本类型或数组类型，也可以是指针类型。将指针变量作为函数的参数，可以实现函数之间多个数据的双向传递，但实际向函数传递的是一个地址值。若函数的形参的类型为指针类型，则在调用该函数时，对应的实参可以是基类型相同的地址值或者是已指向某个存储单元的指针变量。

指针变量作为函数的参数可以将实参的地址传入被调函数中，被调函数对形参进行处理时，可以通过指针变量间接访问实参而实现对实参的处理，从而达到被调函数中因形参的改变而影响实参的目的。

1．函数的形参为指针变量，实参也为指针变量

【例 7.6】 分析以下程序运行结果。

```
#include <stdio.h>
#include <stdlib.h>
int main( )
{
    int a,b;
```

```
    int *pa,*pb;
    void swap(int *p1,int *p2);         //函数的声明
    scanf("%d%d",&a,&b);
    pa=&a;
    pb=&b;
    swap(pa,pb);                        //函数的调用
    printf("a=%d,b=%d\n",a,b);
    return 0;
}
void swap(int *p1,int *p2)              //函数的定义，形参为两个指针变量
{
    int temp;
    temp=*p1;
    *p1=*p2;
    *p2=temp;
}
```

程序执行时，为变量 a 赋值 10，为变量 b 赋值 20，程序输出结果为 a=20,b=10。在程序中定义的 swap()函数的两个形参是指针变量 p1 和 p2，功能是交换指针变量 p1 和 p2 指向的两个变量的值。实参是指向变量 a 和 b 的指针变量 pa 和 pb。程序执行时，通过 main()函数输入值 10 和 20 到变量 a 和 b 中，并将变量 a 和 b 的地址分别赋予指针变量 pa 和 pb，也就是指针变量 pa 指向变量 a，指针变量 pb 指向变量 b。在调用 swap(pa,pb)函数时，程序转向 swap()函数，在执行时指针变量 pa 和 pb 的值分别传给指针变量 p1 和 p2，这样指针变量 pa 和 p1 都指向变量 a，指针变量 pb 和 p2 都指向变量 b。在执行被调函数时，*p1 和 *p2 的值互换，从而实现变量 a 和 b 的值互换。在函数返回时，指针变量 p1 和 p2 被释放，但变量 a 和 b 的值已经在函数运行时被互换（相当于返回了两个已互换的值）。程序运行结果如图 7-7 所示。

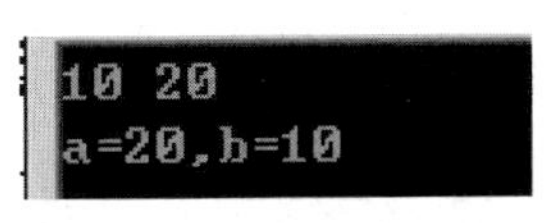

图 7-7　例 7.6 运行结果

指针变量作为函数的参数，不仅能保留函数中对实参的修改，而且由于传递的是地址值，不需要生成实参的副本，因此参数传递的效率较高，特别是在传递“体积”较大的数据时（数组、结构体等）尤为明显。

2. 函数的形参为指针变量，实参为变量的地址

【例 7.7】 分析以下程序运行结果。

```
#include <stdio.h>
#include <stdlib.h>
int main( )
{
    int a,b;
```

```
    void swap(int *p1,int *p2);
    scanf("%d%d",&a,&b);
    swap(&a,&b);
    printf("a=%d,b=%d\n",a,b);
    return 0;
}
void swap(int *p1,int *p2)
{
    int temp;
    temp=*p1;
    *p1=*p2;
    *p2=temp;
}
```

程序执行时，为变量 a 赋值 10，为变量 b 赋值 20，程序输出结果为 a=20,b=10。程序执行时，先通过 main()函数输入值 10 和 20 到变量 a 和 b，再调用 swap(&a,&b)函数。这里的实参是变量 a 和 b 的地址。当程序转向 swap()函数执行时，将变量 a 和 b 的地址分别传给指针变量 p1 和 p2。这样，指针变量 p1 的值为&a，指针变量 p2 的值为&b。在执行被调函数时，*p1 和*p2 的值互换，从而实现变量 a 和 b 的值互换。程序运行结果与例 7.6 运行结果完全相同。由此程序可见，通过传送地址，可以在被调函数中对调用函数中的变量进行引用。其程序运行结果和图 7-7 相同。

7.5.2　指针变量作为函数返回的地址值

在 C 语言中，函数的返回值类型不仅可以是基本类型，而且可以是指针类型，即返回值为存储某种数据的地址。返回指针的函数一般被称为指针函数。

定义指针函数的一般形式为：

```
数据类型 * 函数名(形参列表)
{
    …
}
```

*表示函数返回值是指针类型，“数据类型”表示该返回值的基类型。

例如：

```
int *date(int x,int y)
{
    int *p;
    …
    return(p);
}
```

上述程序表示 date()函数返回一个指向整型变量的指针变量。

在指针函数中，返回的地址值可以是变量的地址，也可以是指针变量或者数组的首地址，还可以是结构体等构造类型变量的首地址。当返回指针变量时，一般要求该指针变量指向全局变量、静态局部变量。

注意，要谨慎地使用返回指向自动局部变量的指针变量。

对于返回指针变量的函数，调用后必须将它的返回值赋给指针变量。

【例 7.8】 指针变量作为函数的返回值。

```
#include <stdio.h>
#include <stdlib.h>
int * fun(int *, int *);            //函数的声明
int main( )
{
    int *p, i ,j;
    printf("Enter two number: ");
    scanf("%d%d", &i,&j);
    p=fun(&i,&j);                   //函数的调用
    printf("i=%d , j=%d, *p=%d \n",i , j , *p);
    return 0;
}
int * fun(int *a, int *b)           //函数的定义
{
    if(*a>*b)
        return a;
    else
        return b;
}
```

程序运行时，若输入 i=99,j=101，则 fun()函数将返回 main()函数中变量 j 的地址，使指针变量 p 指向变量 j，从而输出 i=99,j=101,*p=101。程序运行结果如图 7-8 所示。

```
Enter two number: 99 101
i=99 , j=101,  *p=101
```

图 7-8　例 7.8 运行结果

【例 7.9】 字符串翻转：要求实现一个函数，将一个字符串前后翻转。

函数接口定义为：

```
void reverse(char *start, char *end);
```

start 指针和 end 指针指向同一个字符串，start 指针小于或等于 end 指针。

例如：

```
#include <stdio.h>
void reverse(char *start, char *end);
int main(void)
{
    char s[] = "abcdefghijklmnopqrstuvwxyz";
    printf("%s\n", s);
```

```
    reverse(s + 1, s + 3);
    reverse(s + 6, s + 10);
    reverse(s + 13, s + 21);
    printf("%s\n", s);
    return 0;
}
/* 请在这里写出函数的定义 */
```

程序输出结果为：

```
abcdefghijklmnopqrstuvwxyz
adcbefkjihglmvutsrqponwxyz
```

（1）从 reverse()函数的定义来看，start 和 end 分别代表同一个字符串中需要前后互换的起始位置和终止位置。

（2）从 main()函数的调用来看，数组名 s 代表的是数组的首地址，指向的是字符串的第 1 个字符，因此 s+1、s+3 等形式就分别指向第 2 个、第 4 个字符等，reverse(s + 1, s + 3)表示将字符串 s 中的第 2 个至第 4 个字符前后互换，即将 bcd 变为 dcb。

（3）从算法的角度来看，要实现前后翻转，只需要借助一个中间变量，将前后对应位置互换即可。如果有 *n* 个字符，那么前 *n*/2 个字符与后 *n*/2 个字符首尾互换即可，可以通过循环实现，如果 *n* 为奇数，那么中间的字符不需要交换。

（4）从函数的声明来看，reverse(char *start, char *end)中，start 和 end 分别代表起始位置与终止位置，要注意互换的是其指向的内容，同时每次互换后，start 指针向后移动一位，end 指针向前移动一位。

参考程序为：

```
void reverse(char *start, char *end){
    int n = (end-start)/2,i;    //n 为需要互换的元素的个数
    char temp;
    for(i=1;i<=n;i++){
        temp = *start;
        *start = *end;
        *end = temp;
        start++;                //start 指针向后移动
        end--;                  //end 指针向前移动
    }
}
```

本章小结

本章主要介绍了以下内容。

（1）变量的地址和指针、指针变量的定义和基类型。

主要介绍了变量的地址和指针的基本概念，以及指针变量的定义及其一般形式。

（2）对指针变量的操作。

主要介绍了指针变量的赋值运算、算术运算和关系运算。

（3）函数之间地址值的传递。

主要介绍了在函数的定义与调用中，指针变量作为函数的参数、指针变量作为函数返回的地址值的用法。

习题 7

一、选择题

1．变量的指针是指该变量的（　　）。

A．值　　B．地址　　C．名　　D．一个标志

2．若有定义 int *point,a=100;和 point=&a;，则下面均代表地址的一组选项是（　　）。

A．a,point,*&a　　B．&*a,&a,*point

C．*&point,*point,&a　　D．&a,&*point ,point

3．若有定义 int *p,m=10,n;，则以下语句中正确的是（　　）。

A．p=&n;
scanf("%d",&p);

B．p=&n;
scanf("%d",*p);

C．scanf("%d",&n);
*p=n;

D．p=&n;
*p=m;

4．若 p1 和 p2 是指向同一个字符串的指针变量，c 为字符变量，则以下不能正确执行的赋值语句是（　　）。

A．c=*p1+*p2;　　B．p2=c;　　C．p1=p2;　　D．c=*p1*(*p2);

5．若有以下定义，则对数组 a 中元素的正确引用是（　　）。

A．*&a[5]　　B．a+2　　C．*(p+5)　　D．*(a+2)

6．若有定义 int a[2][3];，则对数组 a 中第 i 行第 j 列元素的正确引用为（　　）。

A．*(a[i]+j)　　B．(a+i)　　C．*(a+j)　　D．a[i]+j

7．若有以下程序：

```
#include<stdio.h>
void  fun (char  *a,  char  *b) {
    a=b;
    (*A)++;
}
void main( ){
   char c1='A', c2='a', *p1, *p2;
   p1=&c1;
   p2=&c2; fun (p1,p2) ;
   printf("%c%c\n",c1,c2) ;
}
```

则程序运行结果是（　　）。

A．Ab　　B．aa　　C．Aa　　D．Bb

8．若有以下程序：

```
#include <stdio.h>
int *f(int *x,int *y){
    if(*x<*y)
        return x;
    else
        return y;
}
void main( ){
     int a=7,b=8,*p,*q,r;
     p=&a;
     q=&b;
     r=*f(p,q);
     printf("%d,%d,%d\n",a,b,r);
}
```

则程序运行结果是（　　）。

A．7,8,8　　B．7,8,7　　C．8,7,7　　D．8,7,8

二、填空题

1．若有以下程序：

```
void f(int y,int *x){
     y=y+*x;
     *x=*x+y;
}
void main( ){
     int x=2,y=4;
     f(y,&x);
     printf("%d %d\n",x,y);
}
```

则程序运行结果是______。

2．以下程序运行结果是______。

```
void swap(int *a,int *b)
{   int  *t;
    t=a;   a=b;  b=t;
}
void main( ){
{   int  x=3,y=5,*p=&x,*q=&y;
    swap(p,q);
    printf("%d%d\n",*p,*q);
}
```

3．若有以下程序：

```
void main( ){
     int a, b, k=4, m=6, *p1=&k, *p2=&m;
     a=p1=&m;
     b=(*p1) / (*p2)+7;
     printf("a=%d\n",a);
     printf("b=%d\n",b);
}
```

则执行该程序后，a 的值为______，b 的值为______。

4．以下程序运行结果是______。

```
void fun(int *n)
{    while((*n)--);
     printf("%d",++(*n));
}
void main()
{    int a=100;
      fun(&a);
}
```

5．以下函数用来求出两个整数之和，并通过形参将结果传回。请填空。

```
void func(int x,int y, ______ z)
{   *z=x+y;   }
```

6．void fun(float *sn, int n)函数的功能是，根据公式 $s=1-1/3+1/5-\cdots 1/(2n+1)$计算 s，计算结果通过形参指针 sn 传回，n 通过形参传入，n 的值大于或等于 0。请填空。

```
void fun(float *sn, int n){
     float  s=0.0, w, f=-1.0;
     int i=0;
     for(i=0; i<=n; i++) {
          f=______* f;
          w=f/(2*i+1);
          s+=w;
     }
     ______=s;
}
```

三、编程题

1．用指针方法完成：（1）输入 10 个整数，并将其按照从小到大的顺序输出；（2）输入 3 个字符串，判断其长度，并将其按照从大到小的顺序输出。

2．编写一个函数，要求使用指针将数组中 *n* 个数按逆序存放。

3．用指针方法分别输入和输出二维数组中的各元素。

第 8 章　结构体

本章主要内容

- 结构体类型
- 结构体变量
- 结构体数组

在实际应用中，经常碰到一些复杂的数据。例如，一名学生信息包含学号、姓名、性别、年龄、成绩、家庭住址等，它们的数据类型可能各不相同，但同属一个有机的整体。因此，C 语言还提供了构造类型——结构体。前面已介绍了变量，但是一次只能定义一个变量，后来为了一次定义多个变量引出了数组，但是数组只能存放相同类型的数据，怎样才能定义一种由多个数据组成且不受限制的数据类型呢？本章介绍结构体。

8.1　结构体类型

结构体是一种虽比较复杂但非常灵活的构造类型，允许用户自己指定若干个成员，每个成员可以是不同的数据类型。

把数据类型不同且有一定联系的多个数据用一定的语法组织起来，并以 struct 为关键字，就构造出了一种新的数据类型，被称为结构体类型。

定义结构体类型的一般形式为：

```
struct 结构体类型名
{
   类型说明符 1    成员 1;
   类型说明符 2    成员 2;
   …              …
   类型说明符 n    成员 n;
};
```

例如：

```
struct student
{
    int num;
    char name[15];
    char sex;
    int age;
    float score;
    char addr[30];
};
```

说明如下。

（1）struct 为类型说明关键字，是结构体类型定义的标识符。

（2）结构体类型名由用户定义，与 struct 一起形成特定的结构体类型，结构体类型可以在以后的结构体变量定义中使用。

（3）花括号内是该结构体的各个成员，由它们共同组成结构体。每个成员由数据类型和成员名组成，每个结构体成员的数据类型可以是基本类型、数组类型、指针类型或已说明过的结构体类型等，每个成员后面用分号结束。结构体成员名的命名规则与变量的命名规则相同，允许结构体成员与变量或其他结构体成员重名。如上例中的结构体类型名为 student，该结构体由 6 个成员组成，此时只是构造了一个结构体类型的结构，并没有为其开辟任何存储单元。

（4）不要忽略整个结构体类型定义结束后的分号，花括号后面的分号不能省略。

（5）结构体成员本身也可以是结构体，这被称为结构体的嵌套。内层结构体成员名可以和外层结构体成员名相同。

【例 8.1】 结构体类型的嵌套。

```
struct birthday
{
    int year;
    int month;
    int day;
};
struct student
{
    char name[15];
    struct birthday date;
    char sex;
    float score;
    char addr[30];
};
```

例 8.1 中，结构体类型 student 中嵌套了结构体类型 birthday，如图 8-1 所示。

<table>
<tr><td rowspan="2">name</td><td colspan="3">date</td><td rowspan="2">sex</td><td rowspan="2">score</td><td rowspan="2">addr</td></tr>
<tr><td>year</td><td>month</td><td>day</td></tr>
</table>

图 8-1　结构体类型的嵌套

8.2　结构体变量

8.2.1　结构体变量的定义

上节中只是说明了一个结构体类型，它相当于一个模型，其中没有具体数据，系统也不为其分配存储单元。为了能在程序中使用结构体类型的数据，需要定义结构体变量，并在其中存放具体的数据。定义结构体变量有以下 3 种方法。

1．先定义结构体类型，再定义结构体变量

其一般形式为：

```
struct 结构体类型名
{
    类型说明符 成员名;
};
struct 结构体类型名 结构体变量名列表;
```

前面已经定义了一个结构体类型 student，可以用它来定义变量。

例如：

```
struct student
{
    int num;
    char name[15];
    char sex;
    int age;
    float score;
    char addr[30];
};
struct student   student1,student2;
```

上述程序先定义了结构体类型 student，再定义了结构体类型 student 的两个变量 student1 和 student2。

2．在定义结构体类型的同时定义结构体变量

其一般形式为：

```
struct 结构体类型名
{
    类型说明符 成员名;
}结构体变量名列表;
```

例如：

```
struct student
{
    int num;
    char name[15];
    char sex;
    int age;
    float score;
    char addr[30];
}student1,student2;
```

上述程序运行效果与第一种方法相同，形式比较紧凑，在定义结构体类型的同时定义了结构体类型 student 的两个变量 student1 和 student2。

3. 不定义结构体类型，直接定义结构体变量

其一般形式为：

```
struct
{
    类型说明符 成员名;
}结构体变量名列表;
```

例如：

```
struct
{
    int num;
    char name[15];
    char sex;
    int age;
    float score;
    char addr[30];
}student1,student2;
```

与前两种方法不同的是，不定义结构体类型，直接定义结构体变量，只能定义一次，下面再定义相同类型的结构体变量是不合规的。例如，再定义 struct student3, student4;就是不合规的。

关于结构体类型，说明如下。

（1）不要混淆类型与变量，它们是不同的概念。可以对变量赋值、存取或运算，但不能对类型赋值、存取或运算。在编译时，系统只对变量分配存储单元，不可以对类型分配存储单元。

（2）结构体成员（“域”）可以单独使用。它的作用和地位相当于普通变量。同种类型的结构体变量之间可以直接赋值。例如：

```
student2=student1;      //可以整体操作，与数组概念不同
```

（3）只有定义了结构体变量后，系统才为其分配连续的存储单元，分配的存储单元的数量等于各个成员占用的字节数之和。

（4）成员也可以是结构体变量，即结构体的嵌套。

（5）结构体成员名可以与程序中的变量名相同，二者不代表同一对象。例如，程序中可以另外定义一个变量 age，它与结构体类型 student 中的变量 age 是两回事，互不干扰。

8.2.2　结构体变量的引用

结构体变量在定义之后，就可以被引用，但应遵循以下规则。

（1）一个结构体变量不能作为一个整体进行输入/输出。例如，已定义 student1 和 student2 为结构体变量，但是不能这样引用：

```
printf("%d,%s,%c,%d,%f,%s\n",student1);
```

结构体变量中的各个成员只能分别进行输入/输出。

引用结构体变量中成员的一般形式为：

```
结构体变量名.成员名
```

例如，student1.num 表示结构体变量 student1 中的成员 num，可以对变量的成员赋值：

```
student1.num=100010;
```

“.”是成员（分量）运算符，它在所有运算符中优先级最高，可以将 student1.num 视为一个整体。上面的赋值语句是将 100010 赋给结构体变量 student1 中的成员 num。

（2）如果成员本身是结构体类型，则需要用到多个成员运算符，一级一级地找到最低一级的成员。只能对某一级的成员进行赋值、存取或运算。例如，对于前面定义的嵌套结构体变量 student1，可以这样访问成员：

```
student1.num
student1.birthday.month
```

注意，不能用 student1.birthday 访问结构体变量 student1 中的成员 birthday，因为成员 birthday 本身是一个结构体变量。

（3）结构体成员可以像普通变量一样进行各种运算。例如：

```
student2.score=student1.score;
sum=student1.score+student2.score;     //sum 是定义过的非结构体变量
student1.age++;
++student1.age;
```

由于“.”的优先级最高，因此 student1.age++是对 student1.age 进行自增运算，而不是先对 age 进行自增运算。

（4）可以引用结构体变量的地址，也可以引用结构体成员的地址。例如：

```
scanf("%d" ,&student1.num);                //输入 student1.num 的值
printf("%o",&student1);                    //输出 student1 的首地址
```

不能用以下语句整体读入结构体变量：

```
scanf("%d,%s,%c,%d,%f,%s",&student1);
```

结构体变量的地址主要可以作为函数的参数，用于传递。

8.2.3 结构体变量的初始化

同其他变量一样，结构体变量也可以在定义时指定初值。

【例 8.2】 结构体变量的初始化。

```
    #include<stdio.h>
    main()
    {   struct student
        {  long int num;
           char name[20];
           char sex;
           char addr[20];
        }a={100101,"Li Lin",'M',"123 BeiJing Road"}; //为结构体变量a赋初值
        printf("NO.:%ld\nname:%s\nsex:%c\naddress:%s\n",a.num,a.name,a.sex,
a.addr);
    }
```

程序运行结果如图 8-2 所示。

```
NO.:100101
name:Li Lin
sex:M
address:123 BeiJing Road

--------------------------------
Process exited after 0.4841 seconds with return value 0
请按任意键继续. . .
```

图 8-2　例 8.2 运行结果

以上程序先定义了一个结构体类型 student，该类型的变量有 4 个成员，分别是 num、name、sex、addr，再为结构体变量 a 赋初值，最后通过 printf()函数分别输出结构体变量 a 的 4 个成员的值。在编写程序时需要注意结构体成员不能作为整体输出，只能分别进行输出。

8.3　结构体数组

一个结构体变量中可以存储一组数据（一名学生的学号、姓名、性别、成绩等）。如果有 20 名学生的数据需要管理，那么应该使用数组，这就是结构体数组。与之前介绍的数值数组不同，结构体数组中的每个元素都是一个结构体变量，它们又分别包括各个成员（分量）项。

8.3.1　结构体数组的定义

定义结构体数组和定义结构体变量的方法相似，只要说明其为数组即可。

```
    struct student
    {  int num;
       char name[15];
       char sex;
       int age;
       float score;
       char addr[30];
```

```
    };
    struct student stu[4];
```

以上程序定义了一个结构体数组 stu，结构体数组 stu 中有 4 个元素，均为结构体变量 student。当然，也可以直接定义一个结构体数组。例如：

```
    struct student
    {  int num;
       …
    }stu[4];
```

或

```
    struct
    {  int num;
       …
    }stu[4];
```

结构体数组示例如图 8-3 所示。

	num	name	sex	age	score	addr
stu[0]	100101	Li Lin	M	19	86.5	104 BeiJing Road
stu[1]	100102	Zhang Fun	M	20	88	130 Shanghai Road
stu[2]	100103	Wang Ming	M	18	78.5	102 Guangzhou Road
stu[3]	100104	Zhang Gang	F	21	95	113 Guangzhou Road

图 8-3　结构体数组示例

8.3.2　结构体数组的初始化

同其他类型的数组一样，结构体数组也可以初始化。例如：

```
    struct student
    {  int num;
       char name[15];
       char sex;
       int age;
       float score;
       char addr[30];
    }stu[4]={{ 100101,"Li Lin",'M',19,86.5,"123 BeiJing Road"},{100102,"Zhang
Fun",'M',20,88,"130  ShangHai  Road"},{100103,"Wang  Ming",'M',18,86.5,"102  Guang
Zhou Road"},{100104,"Zhang Gang",'F',21,95,"113  Guang Zhou Road"}};
```

在定义结构体数组时，如果不指定元素个数，则可以写成：

```
    stu[]={{…},{…},{…},{…}};
```

在编译时，系统会根据结构体常量初值的个数来确定数组元素的个数。一个结构体常量包括结构体中全部成员的值。

结构体数组的初始化也可以用下面的形式：

```
struct student
{   int num;
    …
};
struct student stu[]={{…},{…},{…},{…}};
```

先声明结构体类型，再定义结构体数组为该结构体类型，在定义结构体数组时初始化。

从上述程序中可以看出，结构体数组的初始化，是通过定义结构体数组时在后面加上“={初值列表};”完成的。

8.3.3　结构体数组的应用

下面通过一个简单的例子来进行结构体数组的应用。

【例 8.3】 编写统计候选人得票数的程序。假设有 3 名候选人，每次输入一名得票的候选人的姓名，最后输出每个人的得票数。

```
#include<stdio.h>
#include<string.h>
struct person
{   char name[20];
    int count;
}leader[3]={{"Li",0},{"Zhang",0},{"Fun",0}};  //定义结构体数组
main()
{   int i,j;
    char leader_name[20];
    for(i=1;i<=10;i++)        //假设 10 人对 3 名候选人进行投票，输入候选人的姓名
    { scanf("%s", leader_name);
    for(j=0;j<3;j++)          //通过 for 语句统计 3 名候选人的得票数
    if(strcmp(leader_name,leader[j].name)==0) leader[j].count++;
}
printf("\n");
for(i=0;i<3;i++)
    //输出 3 名候选人各自的得票数
    printf("%5s:%d\n",leader[i].name,leader[i].count);
}
```

程序运行结果如图 8-4 所示。

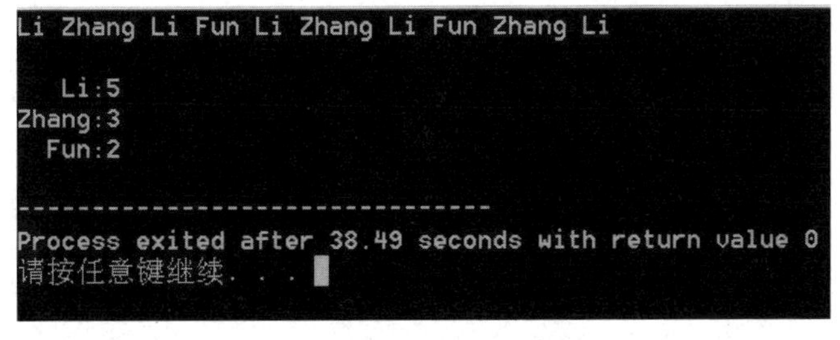

图 8-4　例 8.3 运行结果

以上程序定义了一个全局的结构体数组 leader，它有 3 个元素，每个元素包含两个结构体成员，分别为 name（姓名）和 count（票数）。在定义结构体数组时对其进行初始化，将 3 名候选人的得票数更改为 0。

在 main()函数中定义字符数组 leader_name，它代表候选人的姓名，在 10 次循环中每次先输入一名候选人的姓名，将其与其他 3 名候选人的姓名相比较，看其与哪一名候选人的姓名相同。

注意，leader_name 和 leader[j].name 相比时，leader[j].name 是数组 leader 的第 j 个元素，包含两个成员项，分别为 leader[j].name 和 leader[j].count，leader_name 应该和 leader 数组第 j 个元素的 name 成员相比。当 j 为某一值时，输入的姓名与 leader[j].name 相等，就执行 leader[j].count++;，由于“.”的优先级高于“++”，因此，它相当于（leader[j].coun）++，即使 leader[j]的成员 count 的值加 1。在输入和统计结束之后，将 3 名候选人的姓名和得票数输出。

本章小结

本章主要介绍了以下内容。

（1）结构体类型。

主要介绍了结构体类型的定义。结构体为构造类型，是用户定义新数据类型的重要手段。结构体由成员组成，成员可以具有不同的数据类型。

（2）结构体变量。

主要介绍了结构体变量的定义、引用和初始化。

（3）结构体数组。

主要介绍了结构体数组的定义和初始化，并以例子介绍了结构体数组的应用。

习题 8

一、选择题

1．若有如下语句：

```
struct stu{
    int a; float b;
}stutype;
```

则以下叙述中不正确的是（　　）。

A．struct 是类型的关键字　　B．struct stu 是用户定义的结构体类型

C．stutype 是用户定义的结构体类型名　　D．a 和 b 都是结构体成员名

2．若有如下语句：

```
typedef struct S
{int g;char h;}T;
```

则以下叙述中正确的是（　　）。

A．可以用 S 定义结构体变量　　B．可以用 T 定义结构体变量

C．S 是 struct 类型的变量　　D．T 是 struct S 类型的变量

3．若已经定义 struct stu{int a,b;}student;，则下列输入语句中正确的是（　　）。

A．scanf("%d",&a);　　B．scanf("%d",&student);

C．scanf("%d",&stu.a);　　D．scanf("%d",&student.a);

4．若有以下结构体定义和初始化语句，则值为 2 的表达式是（　　）。

```
struct cmplx{
   int x;
   int y;}c[]={1,2,3,4};
```

A．c[0].y　　B．Y　　C．c.y[0]　　D．c.y[1]

5．若定义以下结构体数组：

```
struct
{
   int num;
   char name[10];
}x[3]={1,"china",2,"USA",3,"England"};
```

则语句 printf("\n%d,%s",x[1].num,x[2].name);的输出结果为（　　）。

A．2,USA　　B．3,England　　C．1,china　　D．2,England

6．以下对结构体变量的定义中，不正确的是（　　）。

A．struct aa
   {int n;
   float m;
   };
      struct aa td1,td2;

B．struct aa
   {int n;
   float m;
   }td1;

C．struct
   {int n;
   float m;
   }td1;
   struct td2;

D．struct
   {int n;
   float m;
   }td1;

7．若有如下语句：

```
struct person{char name[9];int age;};
struct person class[10]={"John",17,"Paul",19,"Mary",18,"Adam",16};
```

则能输出字母 M 的语句是（　　）。

A．printf("%c\n",class[3].name);　　B．printf("%c\n",class[3].name[1]);

C．printf("%c\n",class[2].name[1]);　　C．printf("%c\n",class[2].name[0]);

二、填空题

1．有如下语句：

```
struct STRU
{int a,b; char c;double d;
struct STRU p1,p2;
};
```

请填空，以完成对数组 t 的定义。数组 t 的 20 个元素均为该结构体类型________________。

2．若有如下语句，则对该结构体变量各个域的引用形式是________________、________________、________________、________________。

```
struct aa
{  int x;
   char y;
   struct z;
   {   double y;
       int z;
   }z;
}x;
```

三、编程题

1．请自拟 4 名学生的数据，试统计出这 4 名学生的平均年龄和平均成绩。

2．请自拟全班 20 名学生的数学、语文、英语成绩，求全班 20 名学生的总成绩和各课程的平均成绩。

3．定义一个结构体变量（包括年、月、日）。计算该日期在本年中是第几天，注意闰年问题。

第9章　文　　件

本章主要内容

- 文件的相关概念
- 文件的打开与关闭
- 文件的顺序读写
- 文件的随机读写
- 文件操作的出错检测

9.1　文件的相关概念

C 语言中的文件主要是指存放在外部存储设备上的一组相关信息的集合。如果文件中存放的是数据，那么这种文件被称为数据文件；如果文件中存放的是源程序清单或者编译、链接后生成的可执行程序，那么这种文件被称为程序文件。

9.1.1　文件的分类

无论是数据文件还是程序文件，都可以按如下方法进行分类。

（1）按文件中数据存放的格式，可以将文件分为二进制文件和文本文件。二进制文件中的数据都是以二进制形式（机器数）存放的。例如，在二进制文件中，整数-1234 占用 2 字节，单精度整型常量-12.34 占用 4 字节。在文本文件中，数据都是将其每位转换成对应的 ASCII 码来存放的。例如，在文本文件中，整数-1234 占用 5 字节，每字节依次存放表示整数-1234 的 5 个字符，即'–'、'1'、'2'、'3'和'4'；单精度整型常量-12.34 占用 6 字节，每字节依次存放表示单精度整型常量-12.34 的 6 个字符，即'–'、'1'、'2'、'.'、'3'和'4'。

（2）按文件的读写方式，可以将文件分为顺序文件和随机文件。对顺序文件来说，读写必须从头开始。在读取数据时，只能从第一个数据开始，直到读取的数据就是要处理的数据为止。如果要把处理后的这个数据写回顺序文件中，那么也必须是从第一个数据开始，依次把所有数据写入文件。对随机文件来说，读写的过程是随机的，只要利用系统函数将当前文件中的读写位置设置好，就可以单独对这个数据进行读写操作。

9.1.2　文件指针变量

在 C 语言中，可以用一个指针变量指向一个文件，这个指针变量被称为文件指针变量。通过文件指针变量可以对它指向的文件进行操作。

定义文件指针变量的一般形式为：

```
FILE  *指针变量名;
```

其中，FILE 为大写，是由系统定义的一个结构，该结构中含有文件名、文件状态和文件当前位置等信息。在编写程序时不必关心 FILE 结构体的细节。

9.2 文件的打开与关闭

对磁盘文件的操作必须是“先打开，再读写，最后关闭”。数据从磁盘流入内存被称为“读”，从内存流入磁盘被称为“写”。

在打开文件后，指针变量指向文件中的第一个数据，当读取了它指向的数据后，指针变量会自动指向下一个数据。在向文件写入数据后，指针变量也是自动指向下一个要写入数据的位置。

9.2.1 文件的打开

fopen()函数用于打开一个文件。fopen()函数的一般形式为：

```
FILE * fopen(const char * path,const char * mode);
```

字符串 path 包含欲打开的文件路径及文件名，字符串 mode 则代表流形态。

字符串 mode 有下列几种形态。

（1）r：打开只读文件，该文件必须存在。

（2）r+：打开可读写文件，该文件必须存在。

（3）w：打开只写文件，若该文件存在，则将该文件的长度清零，此时该文件的内容会消失。若该文件不存在，则建立该文件。

（4）w+：打开可读写文件，若该文件存在，则将该文件的长度清零，此时该文件的内容会消失。若该文件不存在，则建立该文件。

（5）a：以附加方式打开只写文件。若该文件不存在，则建立该文件。若该文件存在，则写入的数据会被加到该文件末尾，此时该文件的内容会被保留。

（6）a+：以附加方式打开可读写文件。若该文件不存在，则建立该文件。若该文件存在，则写入的数据会被加到该文件末尾，此时该文件的内容会被保留。

例如：

```
FILE *fp = fopen("d:\a.txt","r");
```

上述程序表示要打开 d:\a.txt 文件，文件操作方式为“只读”，fopen()函数返回指向 a.txt 文件的指针变量并赋给指针变量 fp，这样，指针变量 fp 和 a.txt 文件就建立了联系，或者说指针变量 fp 指向 a.txt 文件。

9.2.2 文件的关闭

fclose()函数用于关闭一个文件。fclose()函数的一般形式为：

```
fclose(fp);
```

关闭文件的功能是通知系统将此指针变量指向的文件关闭，释放相应的文件信息区。这样，原来的指针变量不再指向该文件，重新打开前也就不能通过该指针变量再次访问该文件。如果关闭的是写操作的文件，那么系统在关闭该文件之前，会先将输出文件缓冲区的内容全部输出给文件，然后关闭文件。如果不关闭文件而直接使程序停止运行，那么会丢失缓冲区还未写入文件的部分信息。因此，文件用完之后必须关闭。如果关闭文件操作正确，则 fclose()函数返回 0，否则返回−1。

【例 9.1】 文件的打开与关闭。

```
#include <stdio.h>
#include <stdlib.h>
int main()
{
    FILE *fp;
    int i;
    fp=fopen("k1.txt", "r");         //打开 k1.txt 文件，返回文件指针
    if(fp==NULL)
        puts("File open error");
    i=fclose(fp);                    //关闭文件流
    if(i==0)
        printf("OK");
    else
        puts("File close error");
    return 0;
}
```

9.3　文件的顺序读写

打开文件后，就可以对文件进行读写操作了。

9.3.1　fputc()函数和 fgetc()函数

C 语言提供了一个用于输出一个字符到磁盘文件的 fputc()函数。fputc()函数的一般形式为：

```
fputc(ch,fp);
```

fputc()函数的功能是将字符变量 ch 的值输出到指针变量 fp 指向的 FILE 结构体的文件中。指针变量 fp 是用 fopen()函数打开时得到的。如果函数调用成功，则返回该字符，否则返回 EOF。

C 语言还提供了用于从磁盘文件中接收一个字符的 fgetc()函数。fgetc()函数的一般形式为：

```
ch=fgetc(fp);
```

fgetc()函数的功能是在指针变量 fp 指向的文件中读入一个字符并将其赋给字符变量 ch。如果执行 fgetc()函数时文件结束或出错，则返回 EOF。

【例 9.2】 fputc()函数和 fgetc()函数的使用。

```
#include <stdio.h>
#include <stdlib.h>
int main( )
{
    FILE *fp; char ch;
    if((fp=fopen("file1.txt","w"))==NULL) //打开文件
    {
        printf("cannot open this file\n");
        exit(0);
    }
    while((ch=getchar( ))!='\n')             //输入字符，按 Enter 键结束输入
         fputc(ch,fp);                        //将输入的字符写入文件
    fclose(fp);
    if((fp=fopen("file1.txt","r"))==NULL) //以只读方式打开文件
    {
        printf("cannot open this file\n");
        exit(0);
    }
    while((ch=fgetc(fp))!=EOF)               //读取文件中的内容
         putchar(ch);
    fclose(fp);
    return 0;
}
```

在运行上述程序时，如果文件不存在，那么程序会自动创建该文件，所读写的文件与源文件、可执行文件在同一个目录中。上述程序首先将输入数据写入文件，然后读取文件中的内容进行输出。

【例 9.3】 分析以下程序运行结果。

```
#include <stdio.h>
#include <stdlib.h>
int main( )
{
    FILE *fp; int count=0;
    if ((fp=fopen("file1.txt","r"))==NULL)    //打开文件
    {
        printf("cannot open this file\n");
        exit(0);
    }
    while (fgetc(fp)!=EOF)                        //读取文件中的内容
        count++;
```

```
        fclose(fp);
        return 0;
    }
```

以上程序用来统计 file1.txt 文件中的字符个数，如果想用以上程序统计任意指定文件中的字符个数，那么不应将文件名写在程序中，可以利用 main()函数的参数将文件名通过命令行传递给程序，这样可以使程序更具通用性。

9.3.2　fgets()函数和 fputs()函数

C 语言提供了一个用于从磁盘文件中输入字符串的 fgets()函数。fgets()函数的一般形式为：

```
    fgets(str,n,fp);
```

fgets()函数的功能是从指针变量 fp 指向的文件中读取 n−1 个字符并把它们放到字符数组 str 中。如果在读入 n−1 个字符之前遇到换行符或 EOF，则结束读入，将遇到的换行符也作为一个字符送入字符数组str。在读入的字符串之后自动加一个字符串结束标志\0。fgets()函数的返回值为字符数组str 的首地址，如果程序结束或出错，则返回 NULL。

C 语言还提供了一个用于输出字符串到磁盘文件中的 fputs()函数。fputs()函数的一般形式为：

```
    fputs(str,fp);
```

fputs()函数的功能是将字符数组 str 中的字符串输出到指针变量 fp 指向的文件中，但不输出字符串结束标志\0。如果成功，则返回 0，否则返回非 0。

【例 9.4】 fputs()函数和 fgets()函数的使用。

```
#include <stdio.h>
#include <stdlib.h>
int main( )
{
    FILE *fp; char string[81];
    if((fp=fopen("file2.txt","w"))==NULL)      //打开文件
    {
        printf("cannot open this file\n");
        exit(0);
    }
    while(strlen(gets(string))>0)
    {
        fputs(string,fp);                         //将字符串写入文件
        fputs("\n",fp);                           //写入换行符
    }
    fclose(fp);
    if((fp=fopen("file2.txt","r"))==NULL)
    {
```

```
            printf("cannot open this file\n");
            exit(0);
        }
        while(fgets(string,81,fp)!=NULL)
            printf("%s",string);
        fclose(fp);
        return 0;
    }
```

以上程序在运行时，将接收数据的输入，每输入一个字符串换行后，将该字符串写入文件，并在文件中加入换行符，再接收下一个字符串的输入，直到直接换行不输入其他任何字符串时结束，此时可以打开文件查看是否保存了输入的数据。

9.3.3 fprintf()函数和 fscanf()函数

fprintf()函数与 fscanf()函数为格式读写函数，与 printf()函数、scanf()函数类似，fprintf()函数与 fscanf()函数用于从文件中读取指定格式的数据和把指定格式的数据写入文件，这是按数据格式要求进行文件的输入/输出。

fprintf()函数的一般形式为：

```
fprintf(fp,format,args);
```

fscanf()函数的一般形式为：

```
fscanf(fp,format,args);
```

其中，fp 为指针变量，format 为格式控制字符串，args 为输入/输出列表。

例如，若指针变量 fp 已指向一个打开的文本文件，a、b 均为整型变量，则以下语句的含义为从指针变量 fp 指向的文件中读入两个整数放入整型变量 a 和 b。

```
fscanf(fp,"%d%d",&a,&b);
```

又如，若指针变量 fp 已指向一个打开的文本文件，a、b 均为整型变量，则以下语句的含义为将整型变量 a、b 中的数据按%d 的格式输出到指针变量 fp 指向的文件中。

```
fprintf(fp,"%d%d",&a,&b);
```

【例 9.5】 fprintf()函数和 fscanf()函数的使用。

```
#include <stdio.h>
#include <stdlib.h>
int main( )
{
    FILE *fp; char name[20]; int num;float score;
    if((fp=fopen("file3.txt","w"))==NULL)
    {
        printf("cannot open this file\n");
```

```
        exit(0);
    }
    scanf("%s %d %f",name,&num,&score);
    while(strlen(name)>1)
    {
        fprintf(fp,"%s %d %f",name,num,score);
        scanf("%s %d %f",name,&num,&score);
    }
    fclose(fp);
    if((fp=fopen("file3.txt",vr"))= =NULL)
    {
        printf("cannot open this file\n");
        exit(0);
    }
    while(fscanf(fp,"%s %d %f",name,&num,&score)!=EOF)
        printf("%s %d %f",name,num,score);
    fclose(fp);
    return 0;
}
```

*9.4　文件的随机读写

上节中已介绍了文件的顺序读写，即从文件的开头对数据进行逐个读写。文件中有一个用于读写位置的内部指针，指向当前读写的位置，这个内部指针被称为位置指针。在顺序读写时，每读写一个数据，位置指针就自动向后移动一位。如果读写的数据项包含多字节，则对该数据项读写后位置指针就移动到该数据项末尾。

在实际读写文件时，人们常常希望能直接读取某一数据项而不是按物理位置顺序逐个读下来。这种可以任意指定读写位置的操作被称为文件的随机读写。可以想象，只要能移动位置指针到所需要的位置，实现文件的定位，就能实现随机读写。

1. fseek()函数

fseek()函数的一般形式为：

```
fseek(文件类型指针,位移量,起始点)
```

fseek()函数的功能是使位置指针移动到所需的指定位置。其中，起始点是指用数字代表以什么位置作为基准进行移动。其值有0、1、2，分别代表文件的开头、当前位置和结尾。如果位移量为正数则表示以起始点为基点向前移动的字节数，否则表示以起始点为基点向后移动的字节数。位移量应该为长整型数据，这样当文件长度很长时，位移量仍在长整型数据的表示范围内。例如：

```
fseek(fp,10L,0);
```

以上程序表示将位置指针移动到距文件开始 10 字节的位置。若函数调用成功，则返回 0，否则返回非 0。

2．ftell()函数

ftell()函数的一般形式为：

```
ftell(fp);
```

ftell()函数的功能是返回位置指针的当前位置。ftell()函数的返回值是指针变量 fp 指向的文件中位置指针的当前位置。如果出错，则 ftell()函数返回−1。

3．rewind()函数

rewind()函数的一般形式为：

```
rewind(fp);
```

rewind()函数的功能是使位置指针重新返回到文件的开头处。rewind()函数无返回值。

【例 9.6】 文件的定位。

```
#include <stdio.h>
#include <stdlib.h>
int main()
{
    struct
    {
        char name[20];
        long num;
        float score;
    }stud;
    FILE *fp; long offset; int recno;
    if((fp=fopen("file5.txt","r"))==NULL)
    {
        printf("cannot open this file\n");
        exit(0);
    }
    printf("enter record number");
    scanf("%d",&recno);
    offset=(recno-1)*sizeof(stud);
    if(fseek(fp,offset,0)!=0)
    {
        printf("cannot move pointer there.\n");
        exit(0);
    }
    fread(&stud,sizeof(stud),1,fp);
    printf("%s,%ld,%f\n",stud.name,stud.num,stud.score);
    fclose(fp);
```

```
        return 0;
    }
```

*9.5　文件操作的出错检测

大多数标准输入/输出函数并不会返回明确的出错信息。例如，调用 fputc()函数返回 EOF，可能表示文件结束，也可能表示出错。在调用 fgets()函数时，如果返回 NULL，那么可能是文件结束，也可能是出错。为了明确操作是否出错，C 语言提供了一个检测文件操作的出错函数，即 ferror()函数。ferror()函数的一般形式为：

```
    ferror(fp);
```

如果函数的返回值为 0，则表示没有出错，否则表示出错。

在调用 fopen()函数时，会自动使相应文件的 ferror()函数的初值为零。应当注意，每调用一次输入/输出函数，都有一个 ferror()函数的返回值与之对应。如果想要检测调用的输入/输出函数是否出错，那么应在调用该函数后立即检测 ferror()函数的返回值，否则会丢失。

本章小结

本章主要介绍了以下内容。

（1）文件的相关概念及文件的打开与关闭。

主要介绍了文件的分类及文件指针的基本概念，以及 fopen()函数、fclose()函数。

（2）文件的顺序读写。

主要介绍了从文件中输出字符、字符串，以及将字符、字符串写入文件的函数。

（3）文件的随机读写及文件操作的出错检测。

主要介绍了 fseek()函数、ftell()函数、rewind()函数，以及文件操作的出错检测。

习题 9

一、选择题

1．C 语言可以处理的文件类型是（　　）。

A．文本文件和数据文件　　B．文本文件和二进制文件

C．数据文件和二进制文件　　D．以上答案都不对

2．若执行 fopen()函数时发生错误，则函数的返回值是（　　）。

A．地址值　　B．0　　C．1　　D．EOF

3．若要用 fopen()函数打开一个新的二进制文件，且该文件要既能读又能写，则字符串 mode 应是（　　）。

A．"ab+"　　B．"wb+"　　C．"rb+"　　D．"ab"

4．fscanf()函数的一般形式是（　　）。

A．fscanf(fp,format,args);

B．fscanf(format,args,fp);

C．fscanf(format,fp,args);

D．fscanf(fp, format,args);

5．fgetc()函数的功能是在指定文件中读入一个字符，该文件的打开方式必须是（　　）。

A．只写　　B．追加

C．读或读写　　D．B 和 C 都正确

6．fseek(fp, -20L, 2);语句的含义是（　　）（这个函数改变文件位置指针，可以进行随机读写。其中，第二个参数表示以起始点为基准移动的字节数，正数表示向前移动，负数表示向后移动；第三个参数表示位移量的起始点，0 表示文件开始，1 表示文件当前位置，2 表示文件末尾）。

A．将文件位置指针移动到距文件开始 20 字节的位置

B．将文件位置指针从当前位置向后移动 20 字节

C．将文件位置指针从文件末尾向后移动 20 字节

D．将文件位置指针移动到距当前位置 20 字节处

7．在执行 fopen()函数时，ferror()函数的初值是（　　）。

A．TURE　　B．-1　　C．1　　D．0

8．在 C 语言中从计算机内存中将数据写入文件被称为（　　）。

A．输入　　B．输出　　C．修改　　D．删除

二、填空题

1．文件是存储在外部存储设备上的________。

2．C 语言中的文件存储在磁盘上有两种形式，一种是按________，另一种是按_____________。

3．定义文件指针变量的一般形式为____________。

4．feof()函数是__________检测函数，当文件位置指针处于_______时，它的返回值为_________。

5．对流式文件可以进行顺序读写，也可以进行随机读写，关键是______________。

三、编程题

1．编写将 Turbo C 语言和 BASIC 语言写入 LX1.txt 文件的程序。

2．编写将上题中的两个字符串从 LX1.txt 文件中读出的程序。

3．将整数 100、200、300 写入 LX2.txt 文件，要求每个数据写完后换行。

第10章　位运算

本章主要内容

- 位运算符和位运算
- 位运算程序举例
- 位段

位运算和指针运算适用于编写系统软件代码，是C语言的重要特色。由于在计算机检测和控制领域会大量用到位运算的知识，因此学习和掌握本章内容非常重要。

位运算是指进行二进制位的运算。在系统软件中，经常要处理关于二进制位的问题。例如，将一个存储单元中的各二进制位右移或左移1位，以及将两个数按位相加等。C语言提供了位运算的功能，相比其他高级语言，C语言具有很大的优越性。

10.1　位运算符和位运算

C语言提供的位运算符如表10-1所示。

表10-1　位运算符

运　算　符	含　义	运　算　符	含　义
&	按位与运算符	~	取反运算符
|	按位或运算符	<<	左移运算符
^	按位异或运算符	>>	右移运算符

说明如下。

（1）位运算符中除取反运算符以外，其他均为二目运算符，即要求运算符的两侧各有一个操作数。

（2）参与位运算的运算量只能是整型或字符型数据，不能是实型数据。

10.1.1　按位与运算符

参加运算的两个数，按二进制位展开后，一一进行按位与运算。按位与运算的运算法则为：如果两个二进制位的值都为1，则该位运算的结果为1，否则为0，即：

0&0=0，0&1=0，1&0=0，1&1=1

例如，3&6 并不等于 9，而是进行按位与运算：

```
        00000011      （3）
(&)     00000110      （6）
-------------------------------
        00000010      （2）
```

因此，3&6 的结果为 2。如果参加与运算的是负数（−3&−6），则将其以补码形式表示为二进制数，并进行按位与运算。

按位与运算有一些特殊的用途。

（1）清零。如果想将 1 字节清零，即使其全部的二进制位的值为 0，只要找到这样一个二进制数：对应原二进制数中为 1 的位的值为 0，并让这两个二进制数进行按位与运算，即可达到清零的目的。

例如，原二进制数为 00101001，另找一个数，假设这个数为 10010010，符合以上条件，即原二进制数为 1 的位的值均为 0。将两个数进行按位与运算：

```
        00101001
(&)     10010010
--------------------
        00000000
```

上述运算实现了将原二进制数清零，道理是显而易见的。当然，也可以不用 10010010，而用其他数（11000100），只要符合以上条件就可以。

（2）取一个数中的某些指定位。如一个整数 a（占用 2 字节），想要提取整数 a 的低字节，只需要将整数 a 与$(377)_8$进行按位与运算即可，如图 10-1 所示。

c=a&b，b 为十进制数 255，运算后 c 只保留整数 a 的低字节的值，高字节的值为 0。

如果想提取整数 a 的高字节，那么只需令 c=a&$(177400)_8$，如图 10-2 所示。

图 10-1　提取整数 a 的低字节

图 10-2　提取整数 a 的高字节

（3）要想将哪一位保留下来，就与一个数进行按位与运算，此数在该位取 1。例如，有一个二进制数 01101011，想将其中第 2、3、5、7、8 位保留下来，可以这样运算：

```
        00111001      （十进制数 57）
(&)     01101011      （十进制数 107）
----------------------------------------
        00101001      （十进制数 41）
```

即 a=57，b=107，c=a&b=41。

10.1.2　按位或运算符

参加运算的两个数，按二进制位展开后，一一进行按位或运算。按位或运算的运算法则为：如果两个二进制位的值都为 0，则该位运算的结果为 0，否则为 1，即：

0|0=0，0|1=1，1|0=1，1|1=1

例如，将八进制数 062 与八进制数 017 进行按位或运算：

```
        00110010
(|)     00001111
        --------
        00111111
```

上述运算的结果的低 4 位的值全为 1。如果想使一个整数 a 的低 4 位的值全为 1，那么只需要将整数 a 与 017 进行按位或运算即可。

按位或运算常用来将一个数据的某些位设定为 1。例如，若 a 是一个整数（16 位），有表达式 a|0377，则整数 a 的低 8 位的值全为 1，高 8 位的值为原值。

10.1.3　按位异或运算符

按位异或运算符也称 XOR 运算符。参加运算的两个数，按二进制位展开后，一一进行对应位的按位异或运算。按位异或运算的运算法则为：如果两个二进制位的值相同，则该位运算的结果为 0，否则为 1。即：

0^0=0，0^1=1，1^0=1，1^1=0

例如，将八进制数 071 与八进制数 052 进行按位异或运算：

```
        00111001    （十进制数 57，八进制数 071）
(^)     00101010    （十进制数 42，八进制数 052）
        --------
        00010011    （十进制数 19，八进制数 023）
```

上述运算的结果为八进制数 023。

按位异或运算有以下 3 种应用。

1．使特定位翻转

假设有二进制数 01100101，想使其低 4 位的值翻转，即 1 变为 0，0 变为 1。可以将它与 00001111 进行按位异或运算，即：

```
        01100101
(^)     00001111
        --------
        01101010
```

结果的低 4 位的值正好是原数低 4 位的值的翻转。要使哪些位翻转，就将与其进行按位异或运算的那些位的值设为 1 即可。这是因为原数中为 1 的位的值与 1 进行按位异或运算得 0，原数中为 0 的位的值与 1 进行按位异或运算得 1。

2．与 0 进行按位异或运算保持原值

例如，013^00=013：

```
        00001011
(^)     00000000
        --------
        00001011
```

因为原数中的 1 与 0 进行按位异或运算得 1，0 与 0 进行按位异或运算得 0，所以保持原值。

3．交换两个变量的值

假如 a=3，b=4，要想将 a 和 b 的值进行互换，可以通过以下赋值语句来实现：

```
a=a^b;
b=b^a;
a=a^b;
```

可以通过下面的式子来说明：

```
        a=011
(^)     b=100
        -----
        a=111    （a^b 的结果，a 已变成 7）
(^)     b=100
        -----
        b=011    （b^a 的结果，b 已变成 3）
(^)     a=111
        -----
        a=100    （a^b 的结果，a 已变成 4）
```

执行前两条赋值语句，即 a=a^b;和 b=b^a;，相当于 b=b^(a^b)。而 b^(a^b)等于 a^b^b。b^b 的结果为 0，这是因为同一个数与其本身相异或。因此，b 的值等于 a^0，即 a，其值为 3。

执行第 3 条赋值语句，即 a=a^b;。由于 a 的值等于 a^b，b 的值等于 b^(a^b)，因此相当于 a=a^b^ b^(a^b)，即 a=b，a 得到原来 b 的值。

10.1.4　取反运算符

取反运算符是一个单目运算符，用来对一个二进制数按位取反，即将 0 变为 1，将 1 变为 0。例如，～024 是对八进制数 024（二进制数 00010100）进行按位取反。

```
0000000000010100
     （～）↓
1111111111101011
```

得到八进制数 0177753。～024 的值为八进制数 0177753，不要误认为～025 的值是−025。

下面举例说明取反运算符的应用。

假设一个整数 a 为 16 位二进制数，要想使其最低位的值为 0，可以用 A=a&～1。

这对于以 16 位和 32 位存放一个整数的情况都适用，可移植性强。因为在以 2 字节存储一个整数时，1 的二进制形式为 0000000000000001，～1 的二进制形式为 1111111111111110（注意，～1 不等于−1，弄清取反运算符和负号的不同）。在以 4 字节存储一个整数时，～1 表示 11111111111111111111111111111110。

取反运算符的优先级比算术运算符、关系运算符、逻辑运算符和其他位运算符都高，例如，在计算～a&b 时，先进行～a 的运算，再进行&的运算。

10.1.5　左移运算符

左移运算符用来将一个数的各个二进制位全部左移若干位。例如，a=a<<2，表示将 a 的二进制位左移 2 位，右侧位补 0。若 a=14，即二进制数 00001110 左移 2 位得 00111000，也就是十进制数 56（此处用 8 位二进制数表示十进制数 14，如果用 16 位二进制数表示，那么结果是一样的）。高位左移后被溢出舍弃。

左移 1 位相当于将该数乘以 2，左移 2 位相当于将该数乘以 $2^2=4$。上面的例子中，14<<2=56，即乘以 4。但此结论只适用于该数左移时被溢出舍弃的高位中不包含 1 的情况。假设以 1 字节（8 位）存储一个整数，若 a 为无符号整型变量，则 a=64 时，左移 1 位时溢出的是 0，而左移 2 位时，溢出的高位的值中包含 1。

左移溢出示例如表 10-2 所示。可以看出，当 a 的值为 64 时，左移 1 位相当于乘以 2，左移 2 位后，值等于 0。

表 10-2　左移溢出示例

a 的值	a 的二进制形式	a<<1		a<<2	
64	01000000	0	10000000	01	00000000
127	01111111	0	11111110	01	11111100

由于左移运算比乘法运算快得多，因此 C 语言程序自动将乘以 2 的运算用左移 1 位的方式来实现，将乘以 2^n 的运算处理为左移 n 位。

10.1.6　右移运算符

a>>2 表示将 a 的各个二进制位右移 2 位，移出右侧低位的值被舍弃，对无符号数高位的值补 0。例如，当 a=15 时，a 的二进制形式为 00001111，a>>2 为 00000011（11），其中，括号中的 2 位被舍弃。

右移 1 位相当于除以 2，右移 n 位相当于除以 2^n。

在右移时，需要注意符号位的问题。对于无符号数，右移时左侧高位移入 0。对于有符号数，如果原符号位的值为 0（该数为正数），则左侧也移入 0；如果原符号位的值为 1（该数为负数），则左侧移入 0 还是 1 取决于所用的系统。有些系统移入 0，有些系统移入 1。移入 0 的被称为“逻辑右移”，即简单右移；移入 1 的被称为“算术右移”。例如，若 a 的值为八进制数 0113755，则：

```
a:      1001011111101101    （用二进制数表示）
a>>1:   0100101111110110    （逻辑右移时）
a>>1:   1100101111110110    （算术右移时）
```

在有些系统上，a>>1 的结果为$(045766)_8$，而在另一些系统上可能结果是$(145766)_8$。Turbo C 和一些其他 C 语言系统采用的是算术右移运算，即在对有符号数右移时，如果原符号位的值为 1，则左侧移入高位的值为 1。

10.1.7 位运算符与赋值运算符组合

位运算符与赋值运算符可以组成复合赋值运算符，如&=、|=、>>=、<<=、^=等。

例如，a|=b 相当于 a=a|b，a>>=2 相当于 a=a>>2。

10.1.8 不同长度的数据进行位运算

两个不同长度的数据（整型数据和长整型数据）进行位运算时（a&b，其中 a 为长整型数据，b 为整型数据），系统会将二者右对齐。如果 b 为有符号正数，则左侧位补 0；如果 b 为有符号负数，则左侧位补 1；如果 b 为无符号数，则左侧位补 0。

10.2 位运算程序举例

【例 10.1】 取一个整数 a 从右侧开始的第 4～7 位的值。

（1）先使整数 a 向右移 4 位，目的是将要取出的那几位移到最右侧。图 10-3 给出了未移动之前的整数 a，图 10-4 给出了右移 4 位后的整数 a。

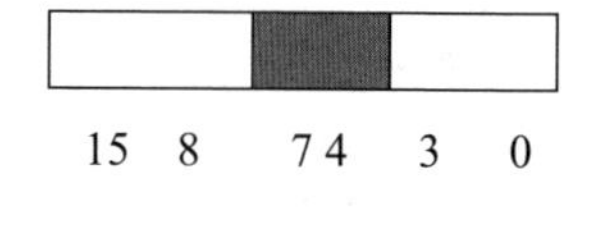

图 10-3　未移动之前的整数 a

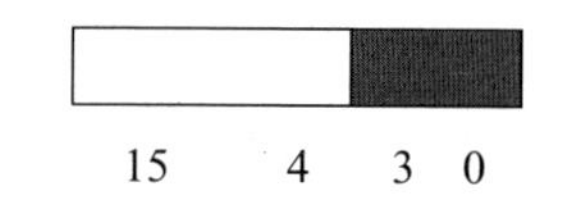

图 10-4　右移 4 位后的整数 a

右移到最右侧可以通过下面的方法实现：

a>>4

（2）设置一个数，使其低 4 位的值全为 1，其余位的值全为 0。可以通过下面的方法实现：

～（～0<<4）

～0 的全部二进制位的值为 1，左移 4 位后，右侧低 4 位的值全为 0，具体过程如下：

0：0000…000000

～0：1111…111111

～0<<4：1111…110000

～（～0<<4）：0000…001111

（3）将上面的（1）和（2）进行按与运算。即：

a>>4&～（～0<<4）

根据前面介绍的方法，与低 4 位的值为 1 的数进行按位与运算，可以使这 4 位的值保留下来。

```
#include<stdio.h>
main()
{   unsigned a,b,c,d;
    scanf("%o",&a);
    b=a>>4;
    c=~(~0<<4);
    d=b&c;
    printf("%o,%d\n%o,%d\n",a,a,d,d);
}
```

程序运行结果如图 10-5 所示。

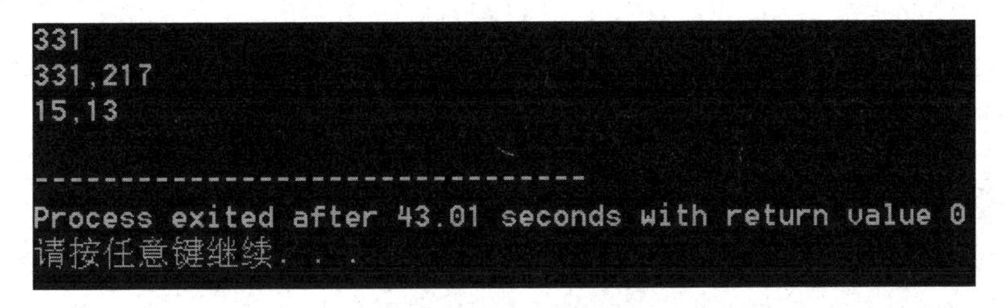

图 10-5　例 10.1 运行结果

输入整数 a 的值为八进制数 331，十进制数 217，其二进制形式为 11011001，经过运算，得到 d 的值为 00001101，即八进制数 15，十进制数 13。

可以任意指定从右侧第 m 位开始取其右侧 n 位。只需将程序中的 b=a>>4;改成 b=a>>(m−n+1);，以及将程序中的 c=~(~0<<4);改成 c=~(~0<<n);即可。

10.3　位段

信息的存取一般以字节为单位。实际上，有时存储信息不必占用 1 字节或多字节。例如，“开”或“关”用 0 或 1 表示时，只需占用 1 位即可。在过程控制、参数检测或数据通信领域中，控制信息往往只占用 1 字节中的一个或多个二进制位，通常在 1 字节中存放不止一个信息。

那么，怎样向 1 字节中的一个或多个二进制位赋值或改变它的值呢？可以使用以下两种方法。

（1）人为地将一个整型变量 data（16 位）分为几个部分。例如，a、b、c、d 分别占用 2 位、6 位、4 位、4 位，如图 10-6 所示。

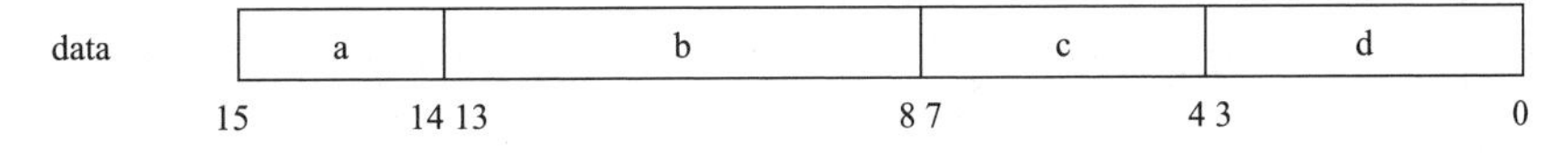

图 10-6　将整型变量 data（16 位）分为几个部分

如果想将 c 的值变为 12（假设 c 的值原来为 0），那么可以通过如下步骤实现。

① 将 12（二进制形式为 00001100）左移 4 位，使 1100 成为从右侧数的第 4～7 位数。

② 将整型变量 data 与 12<<4 进行按位或运算，即可使 c 的值变为 12。

如果 c 的原值不为 0，那么应先使之为 0。可以通过下面的方法实现：

```
data=data&0177417;
```

0177417 的二进制形式如图 10-7 所示。

11	111111	0000	1111
a	b	c	d

图 10-7　0177417 的二进制形式

也就是使其第 4～7 位的值全为 0，其他位的值全为 1。它与整型变量 data 进行按位与运算，第 4～7 位的值全为 0，其他位的原值保持不变。

0177417 被称为“屏蔽字”，即屏蔽 c 以外的信息，只将 c 的值改为 0。由于 0177417 比较难记，因此可以用以下形式实现：

```
data=data&~(15<<4);
```

其中，c 共占用 4 位，最大值为 1111，即 15。15<<4 是先将 1111 移到第 4～7 位，再取反，这样就将 4～7 位的值全改为 0，其余位的值全改为 1 了，即：

15：　　　　0000000000001111

15<<4：　　　0000000011110000

～(15<<4)：1111111100001111

这样既可以实现对 c 清零的运算，又不必计算屏蔽字。

将上面的步骤结合起来可以得到：

```
data=data&~(15<<4) |(n&15)<<4;
```

其中，n 为应赋给 c 的值。n&15 的功能是只取 n 右侧 4 位的值，将其余各位的值改为 0，即把 n 放在最后 4 位上，(n&15)<<4 就是把 n 放在第 4～7 位上，即：

data&～(15<<4)：1101101100001010

(n&15)<<4：　　　0000000011000000

进行按位或运算，即：

1101101111001010

可见，整型变量 data 的其他位的值保持不变，第 4～7 位的值改为 12（即 1100）。

通过以上方法给 1 字节中的某几位赋值比较麻烦。

（2）C 语言允许结构体以位为单位来指定其成员所占用的内存长度，这种以位为单位的成员被称为“位段”或者“位域”。通过位段可以用较少的位数存储数据。例如：

```
struct packed_data
{  unsigned a:2;
   unsigned b:6;
   unsigned c:4;
   unsigned d:4;
   int i;
}data;
```

图 10-8 所示为结构体以位为单位示例。其中，a、b、c、d 分别占用 2 位、6 位、4 位、4 位，i 的数据类型为整型，占用 4 字节。当然，也可以使各个位段不占满 1 字节。

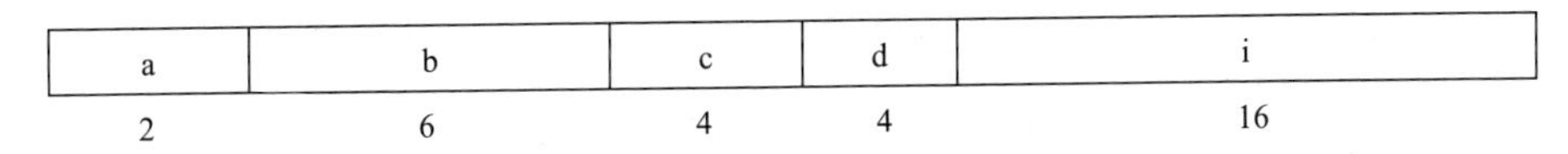

图 10-8　结构体以位为单位示例

又如：

```
struct packed_data
{   unsigned a:2;
    unsigned b:3;
    unsigned c:4;
    int i;
};
struct packed_data data;
```

图 10-9 所示为有空闲的情况。其中，a、b、c 共占用 9 位，不占满 2 字节，它后面数的数据类型为整型，占用 2 字节。在 a、b、c 之后的 7 位不使用，i 从另 1 字节的开头位置开始存放。

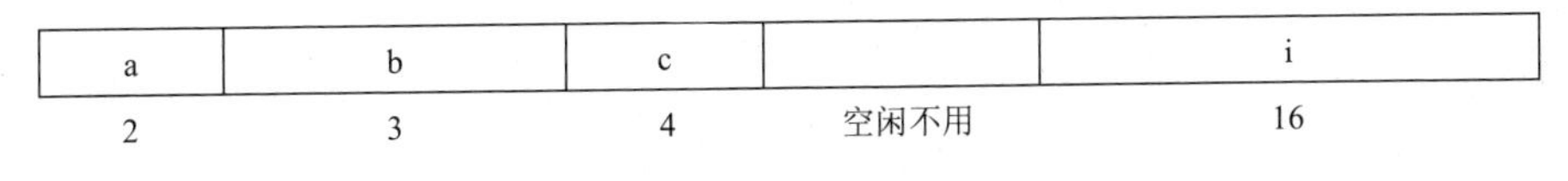

图 10-9　有空闲的情况

引用位段中数据的方法如下：

```
data.a=2;
data.b=7;
data.c=9;
```

应注意位段的最大值范围，如果写成 data.a=8 就错了，这是因为 data.a 只占用 2 位，最大值为 3。在此情况下，自动取赋给它的数的低位的值。例如，若 data 为 8（二进制形式为 1000），data.a 只有 2 位，取 1000 的低 2 位的值，则 data.a 的值为 0。

关于位段的定义和引用，说明如下。

（1）位段成员的数据类型必须指定为 int 或 unsigned。

（2）若某一位段要从另 1 字节开始存放，则可以用如下形式定义：

```
unsigned a:1;
unsigned b:2;
unsigned  :0;
unsigned c:3;
```

a、b、c 本应连续存储在同一个存储单元中，但由于中间用了长度为 0 的位段，其作用是使下一个存储位段从下一个存储单元开始存储，因此会将 a、b 存储在同一个存储单元中，c 存储在下一个存储单元中（由于系统不同，因此存储单元可能是 1 字节，也可能是 2

字节）。

（3）一个位段必然存储在一个存储单元中，如果一个存储单元不能容纳下一个位段，则不用该存储单元，而从下一个存储单元开始存储该位段。

（4）可以定义无名位段。例如：

```
unsigned a:1;
unsigned  :2;
unsigned b:3;
unsigned c:4;
```

unsigned a:1;是无名位段，该空间不用。

（5）位段的长度不能大于存储单元的长度，且不能定义位段数组。

（6）位段可以使用整型输出。例如：

```
printf ("%d%d%d",data.a,data.b,data.c) ;
```

位段也可以用%u，%o，%x 等格式输出。

（7）位段可以在数值表达式中引用，系统会自动将其数据类型转换成整型。例如：

```
data.a+5/data.b;
```

本章小结

本章主要介绍了以下内容。

（1）位运算是C语言中的一种特殊运算，是以二进制位为单位进行运算的。位运算符有逻辑运算符和移位运算符两类。

（2）位运算符与赋值运算符可以组成复合赋值运算符，如&=、|=、>>=、<<=、^=等。利用位运算可以完成汇编语言的某些功能，如置位、位清零、移位等。

（3）通过位段可以解决为 1 字节中的一个或多个二进制位赋值或改变它的值的问题。

习题 10

一、选择题

1．若有以下语句：

```
char  a=3,b=6,c;
c=a^b<<2;
```

则 c 的二进制数是（　　）。

A．00011011　　B．00010100　　C．00011100　　D．00011000

2．若 x=2，y=3，则 x&y 的结果是（　　）。

A．0　　B．2　　C．3　　D．5

3．若有以下语句：

```
char  a=3,b=6,c;
c=a^b<<2;
```

则 c 的二进制形式是（　　）。

A．00011011　　B．00010100　　C．00011100　　D．00011000

4．有以下程序：

```
int x=35;
char z='A';
int b;
B=((x&15)&&(z<'a'));
```

执行后，B 的值为（　　）。

A．0　　B．1　　C．2　　D．3

5．有以下程序：

```
main( )
{  unsigned char a,b;
   a=4|3;
   b=4&3;
   printf("%d %d\n",a,b);
}
```

执行后，输出结果是（　　）。

A．7　0　　B．0　7　　C．1　1　　D．43　0

6．若有语句 char c1=92,c2=92;，则以下表达式中值为零的是（　　）。

A．c1^c2　　B．c1&c2　　C．～c2　　D．c1|c2

二、填空题

1．假设有语句 char a,b;，若要通过 a&b 运算屏蔽 a 中的其他位，只保留第 2 位和第 8 位，则 b 的二进制数是____________。

2．假设 x 是一个整数（16bit），若要通过 x|y 使 x 低 8 位的值为 1，高 8 位的值不变，则 y 的二进制数是____________。

3．假设 x 的二进制形式是 11001101。若想通过 x&y 运算使 x 的低 4 位的值不变，高 4 位的值清零，则 y 的二进制形式是____________。

三、编程题

1．取一个整数 a 从右侧开始的第 5～8 位。

2．实现循环左移位。要求将 a 进行左循环移 *n* 位，即将 a 中原来的高 *n* 位的值移动到低 *n* 位。

实训1　顺序结构程序设计

一、实训目的

（1）掌握数据的输入/输出的方法，能正确使用有关格式转换符。

（2）熟悉顺序结构程序中语句的执行过程。

（3）掌握顺序结构程序的设计方法。

二、实训内容

下列程序的作用是依次输入两个整数，计算并输出这两个整数之差。

```
#include <stdio.h>
int main()
{
    float a,b,c;
    printf("input a,b\n");
    scanf("%d,%d",&a,&b);
    c=a-b;
    printf("c=%d\n",c);
}
```

三、实训过程

（1）分析程序，若运行时输入“100, 60 <回车>”，则预期结果是多少？

（2）运行该程序，查看程序运行结果是否符合题目要求。如果不符合，那么分析原因并修改程序，直到符合要求为止。

四、实训小结

在定义变量时，要检查变量的数据类型及初值是否正确。

实训 2　选择结构程序设计

一、实训目的

（1）学会正确使用关系运算符和关系表达式。
（2）学会正确使用逻辑运算符和逻辑表达式。
（3）熟练掌握 if 语句和 switch 语句。
（4）熟悉选择结构程序中语句的执行过程。
（5）掌握选择结构程序设计的方法。

二、实训内容

编写程序，输入一个字符，并按下列要求输出。
（1）若该字符是数字，则输出"0-9"。
（2）若该字符是大写或者小写字母，则输出"A-z"。
（3）若该字符是其他字母，则输出"!,@,…"。

三、实训步骤

```
#include <stdio.h>
void main()
{
     char c;
     scanf("%c",&c);
     if()
     printf("0-9\n");
     else if()
     printf("A-z");
     printf("!,@,…\n");
}
```

完善上述程序代码，对程序进行编译、链接、运行，并在表 1 中写出结果。

表 1　完善程序代码并写出结果

序　号	输入数据	预期结果	运行结果
1	3		
2	G		
3	#		

四、实训小结

在有些问题中，如果需要根据条件成立与否决定程序的执行方向，在不同条件下进行不同的处理，则需要使用选择结构。在使用选择结构时，一定要区分不同条件。

实训3　循环结构程序设计

一、实训目的

灵活运用 for 语句和 while 语句。

二、实训内容

编写程序，完成超市收银和抽奖环节。

（1）输入一件商品的价格，若输入 0 则程序结束。

（2）统计购物总件数和总金额，全场 8.3 折，输入付款金额，输出找零金额。

（3）购物满 88 元即可抽奖一次，可累积，但抽奖不能超过两次。

抽奖过程如下。

输入一个 4 位的整数，这个整数如果除 6 余 1，则中一等奖，获得洗衣机一台；如果除 6 余 2，则中二等奖，获得微波炉一台；如果除 6 余 3，则中三等奖，获得电饭煲一台；否则，中纪念奖，获得洗衣粉一袋。

三、实训过程

```
#include<stdio.h>
int main()
{
    int count=0,cj;          //count 用于统计购物件数，cj 用于统计抽奖次数
    float x,s=0;             //x 用于存放每次输入的价格，s 用于统计总价
    float zs=0,zk=0.83;      //zs 用于存放折后金额，zk 用于存放折扣率
    float cash=0;            //存入付款金额
    printf("\n\n\t\t 创新学院超市");
    printf("\n\n\t----------------------------\n");
    do{
        count++;
        printf("\n\t 请输入第%d 件商品的价格：",count);
        scanf("%f",&x);
        s=s+x;
    }while(x!=0);
    printf("\n\n\t----------------------------\n");
    if(s==0){
        printf("没有购物，按任意键退出!! ");
```

```
    }
    else{
        zs=s*zk;
    printf("\n\t 购物件数：%d，总金额：%.1f\n",count-1,s);
    printf("\n\t 全场%.2f 折后，应付金额为：%.1f\n",zk,zs);
    printf("\n\t 现金付款金额：");
    scanf("%f",&cash);
    printf("\n\t 找零：%.1f\n",cash-zs);
        cj=(int)(s/88);
        if(cj>4) cj=4;
        if(cj>0){
            printf("\n\n\t 本次购物，您有%d 次抽奖机会！\n\n\n\n",cj);
            int i,cjinput,cjyu;
            for(i=1;i<=cj;i++)
            {
                printf("\n\t\t 开始第%d 次抽奖，请输入 100~999 的整数：",i);
                scanf("%d",&cjinput);
                if(cjinput>100&&cjinput<999)
                {
                    cjyu=cjinput%6;
                    switch(cjyu)
                    {
                        case 1: printf("\n\t 恭喜您!!本次抽奖，您抽到一等
                                    奖，获得洗衣机一台!!\n"); break;
                        case 2: printf("\n\t 恭喜您!!本次抽奖，您抽到二等
                                    奖，获得微波炉一台!!\n"); break;
                        case 3: printf("\n\t 恭喜您!!本次抽奖，您抽到三等
                                    奖，获得电饭煲一台!!\n"); break;
                        default: printf("\n\t 本次抽奖您抽到纪念奖，获得洗
                                             衣粉一袋!!"); break;
                    }
                }
                else printf("\n\n 您输入的抽奖号不符合要求，本次您没抽到奖!!");
            }
        }
    }
    return 0;
}
```

四、测试结果

【测试用例 1】购物 4 件，没有抽奖。程序运行结果如图 1 所示。

```
          创新学院超市
------------------------------
请输入第1件商品的价格：2.4
请输入第2件商品的价格：1.3
请输入第3件商品的价格：9.8
请输入第4件商品的价格：2.7
请输入第5件商品的价格：0
------------------------------
购物件数：4，总金额：16.2
全场0.83折后，应付金额为：13.4
现金付款金额：15
找零：1.6
```

图 1　测试用例 1 运行结果

【测试用例 2】购物 2 件，抽奖 1 次（抽奖号码错误）。程序运行结果如图 2 所示。

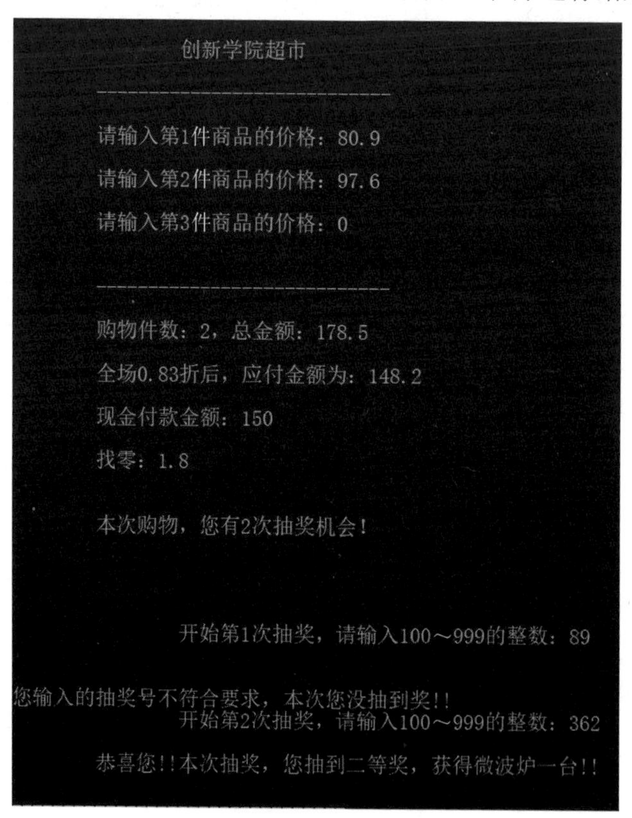

图 2　测试用例 2 运行结果

【测试用例 3】购物 6 件，抽奖 2 次。程序运行结果如图 3 所示。

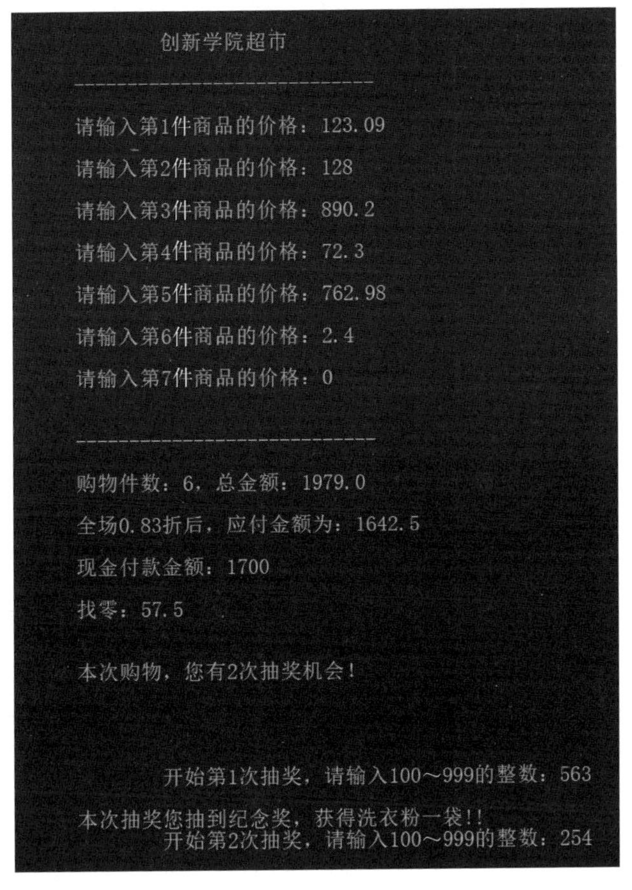

图 3　测试用例 3 运行结果

五、实训小结

for 语句与 while 语句有各自适应的情景，当确定执行次数时，一般使用 for 语句；当条件循环时，一般使用 while 语句。

实训 4　数组的应用

一、实训目的

（1）熟练掌握一维数组、二维数组的定义、引用和初始化的方法。

（2）熟练掌握字符数组和字符串处理函数的使用方法。

（3）掌握数组的一些常用算法。

二、实训内容

（1）先输入一个正整数 n（$1<n\leqslant 10$），再输入 n 个整数，输出偶数位置上数值的平均值（结果保留两位小数）。

（2）先输入一个正整数 n（$1<n\leqslant 10$），再输入 n 个整数，逆序重新存放并输出这些整数。

（3）假设已有一个按递增排序的数组，输入一个整数 x，要求按原排序规律将它插入数组。

（4）求 4×4 矩阵的两个对角线元素之和及其转置矩阵。

（5）先输入一个字符，再输入一个以回车符结束的字符串（少于 80 个字符），在字符串中查找该字符。如果找到，则输出该字符在字符串中对应的最大下标（下标从 0 开始），否则输出 Not Found。

（6）先输入一个正整数 n（$1\leqslant n\leqslant 6$），再读入 n 阶矩阵 $\boldsymbol{a}$，计算该矩阵主对角线和副对角线的所有元素之和（主对角线为从矩阵的左上角至右下角的连线，副对角线为从矩阵的右上角至左下角的连线）。

（7）将两个字符串连接起来，不能使用 strcat()函数。

三、实训过程

写出编写程序的思路，绘制流程图，并编写程序，或调试以下程序并写出程序运行结果。

（1）先输入一个正整数 n（$1<n\leqslant 10$），再输入 n 个整数，输出偶数位置上数值的平均值（结果保留两位小数）。

```
#include<stdio.h>
main(void)
{
    int a[10],i,n,count;
    float sum,avg;
    printf("Enter n: ");
    scanf("%d",&n);
```

```
    printf("Enter %d integers: ",n);
    for(i=0;i<n;i++)
        scanf("%d",&a[i]);
    sum=0;
    count=0;
    for(i=0;i<n;i++)
        if((i+1)%2==0)
        {
            sum=sum+a[i];
            count++;
        }
        avg=sum/count;
        printf("avg=%.2f\n",avg);
        printf("\n");
}
```

（2）先输入一个正整数 n（$1<n\leqslant 10$），再输入 n 个整数，逆序重新存放并输出这些整数。

```
#include<stdio.h>
main(void)
{
    int n,i,j,t;
    int a[10];
    printf("Enter n: ");
    scanf("%d",&n);
    printf("Enter %d integers: ",n);
    for(i=0;i<n;i++)
        scanf("%d",&a[i]);
    j=n-1;
    for(i=0;i<n/2;i++)
    {
        t=a[i];
        a[i]=a[j];
        a[j]=t;
        j--;
    }
    for(i=0;i<n;i++)
        printf("%d ",a[i]);
}
```

（3）假设已有一个按递增排序的数组，输入一个整数 x，要求按原排序规律将它插入数组。

```
#include <stdio.h>
main()
{
    int a[10],i,n,j,h,x,t;
    printf("请输入整数的个数:");
```

```
    scanf("%d",&n);
    printf("请输入%d 个正整数:\n",n);
    for(i=0;i<n;i++)
        scanf("%d",&a[i]);
    for(j=0;j<n-1;j++)
    {
        for(i=0;i<n-j-1;i++)
            if (a[i]>a[i+1])
            {
                h=a[i];
                a[i]=a[i+1];
                a[i+1]=h;
            }
    }
    printf("请输入要插入的整数 x:");
    scanf("%d",&x);
    for(i=0;i<n;i++)
        if(a[i]>x)
        {
            t=i;
            break;
        }
        for(i=n-1;i>=t;i--)
            a[i+1]=a[i];
        a[t]=x;
        for(i=0;i<n+1;i++)
            printf("%d ",a[i]);
}
```

（4）求 4×4 矩阵的两个对角线元素之和及其转置矩阵。

```
#include<stdio.h>
main()
{
    int i,j,a[4][4],b[4][4],s=0;
    for(i=0;i<4;i++)
        for(j=0;j<4;j++)
            scanf("%d",&a[i][j]);
    for(i=0;i<4;i++)
        for(j=0;j<4;j++)
        {
            b[i][j]=a[i][j];
            if(i==j||i+j==3)
                s=s+a[i][j];
}
    for(i=0;i<4;i++)
    {
```

```
        for(j=0;j<4;j++)
            printf("%5d",b[i][j]);
        printf("\n");
    }
    printf("%5d\n",s);
}
```

（5）先输入一个字符，再输入一个以回车符结束的字符串（少于 80 个字符），在字符串中查找该字符。如果找到，则输出该字符在字符串中对应的最大下标（下标从 0 开始），否则输出 Not Found。

```
#include<stdio.h>
main(void)
{
    int i,j,k;
    char str[80],ch;
    printf("请输入字符串，以回车符结束:\n");
    i=0;
    while ((str[i]=getchar())!='\n')
        i++;
    str[i]='\0';
    printf("请输入要查找的字符:\n");
    ch=getchar();
    for(j=0;j<i;j++)
        if (str[j]==ch)
        {
            k=j;
        }
        if(k==-1)
            printf("Not Found!\n");
        else
            printf("k=%d\n",k);
}
```

（6）先输入一个正整数 n（$1 \leqslant n \leqslant 6$），再读入 n 阶矩阵 $\boldsymbol{a}$，计算该矩阵主对角线和副对角线的所有元素之和（主对角线为从矩阵的左上角至右下角的连线，副对角线为从矩阵的右上角至左下角的连线）。

```
#include <stdio.h>
main ()
{
    int i,j,n,sum=0;
    int a[6][6];
    printf("Enter n :");
    scanf("%d",&n);
    printf("Enter %d 阶:",n);
    for(i=0;i<n;i++)
```

```
            for(j=0;j<n;j++)
                scanf("%d",&a[i][j]);
            for(i=0;i<n;i++)
            {
                for(j=0;j<n;j++)
                    printf("%4d",a[i][j] );
                printf("\n");
            }
            for(i=0;i<n;i++)
                for(j=0;j<n;j++)
                    if(i==j ||i+j==n-1)
                        sum=sum+a[i][j];
                    printf("sum=%d\n",sum);
    }
```

（7）将两个字符串连接起来，不能使用 strcat()函数。

```
    #include<stdio.h>
    #include<string.h>
    main()
    {
        char a[100],b[50];
        int i,j,t;
        gets(a);
        gets(b);
        t=strlen(a);
        for(i=0;b[i]!='\0';i++,t++)   a[t]=b[i];
        a[t]='\0';
        puts(a);
      }
```

四、实训小结

通过实训，熟练掌握一维数组、二维数组、字符数组的定义、引用和初始化的方法，以及字符数组和字符串处理函数的使用方法，掌握数组的一些常用算法，从而提高调试程序和独立编写程序的能力。

实训 5　函数的应用

一、实训目的

（1）掌握定义函数的方法。
（2）掌握函数的参数的传递规则。
（3）掌握调用函数的方法。
（4）掌握全局变量和局部变量的使用方法。

二、实训内容

（1）使用数组作为函数的参数，实现数组中元素的逆序输出。

（2）编写程序，要求当输入整数 n 时，输出高度为 n 的等边三角形。当 $n=5$ 时，等边三角形如下：

```
    *
   ***
  *****
 *******
*********
```

（3）编写程序，要求实现两个字符串的连接，在 main()函数中输入两个字符串并输出连接后的结果。注意，不能使用 strcat()函数。

（4）用递归法求 1+2+3+…+n。

三、实训过程

写出编写程序的思路，绘制流程图，并编写程序，或调试以下程序并写出程序运行结果。

（1）使用数组作为函数的参数，实现数组中元素的逆序输出。

```
#include <stdio.h>
#include <string.h>
void change(int b[],int n)
{
    int len,i,j;
    int t;
    for(i=0,j=n-1;i<n/2;i++,j--)
    {
       t=b[i];
       b[i]=b[j];
       b[j]=t;}
```

```
}
main()
{
    int i,arr[10]={1,2,3,4,5,6,7,8,9,10};
    printf("Before:");
    for(i=0;i<10;i++)
        printf("%d ",arr[i]);
    printf("\n");
    change(arr,10);
    printf("After:");
    for(i=0;i<10;i++)
        printf("%d ",arr[i]);
    printf("\n");
}
```

（2）编写程序，要求当输入整数 *n* 时，输出高度为 *n* 的等边三角形。

```
#include <stdio.h>
void triangle(int n)
{
    int i,j;
    for(i=0;i<n;i++)
    {
       for(j=0;j<=n-i;j++)
             putchar(' ');
       for(j=0;j<=2*i;j++)
             putchar('*');
       putchar('\n');
    }
}
main()
{
    int n;
    printf("enter n:");
    scanf("%d",&n);
    printf("\n");
    triangle(n);
}
```

（3）编写程序，要求实现两个字符串的连接，在 main()函数中输入两个字符串并输出连接后的结果。注意，不能使用 strcat()函数。

```
#include <stdio.h>
#include <string.h>
main()
{
    void connect(char s1[],char s2[]);
    char s1[20],s2[20];
```

```
        printf("Please input string1:");
        gets(s1);
        printf("Please input string2:");
        gets(s2);
        connect(s1,s2);
        printf("The connected string is:");
        puts(s1);
    }
    void connect(char s1[],char s2[])
    {
        int length1,i,j;
        length1=strlen(s1);
        for(i=length1,j=0;s2[j]!='\0';i++,j++)
            s1[i]=s2[j];
        s1[i]='\0';
    }
```

（4）用递归法求 1+2+3+⋯+n。

```
#include <stdio.h>
#define N 100
int sum(int a[],int n)
{
    int s;
    if(n==1)
        s=a[n-1];
    else
        s=sum(a,n-1)+a[n-1];
    return s;
}
main()
{
    int a[N],n,i,k;
    scanf("%d",&n);
    for(i=0;i<n;i++)
        a[i]=i+1;
    k=sum(a,n);
    printf("%d\n",k);
}
```

四、实训小结

通过实训，熟练掌握定义函数和调用函数的方法、函数的参数的传递规则，以及全局变量和局部变量的使用方法，从而在编写程序的过程中灵活运用函数。

实训 6　学生成绩管理系统

一、实训目的

（1）熟练掌握文件读写数据的方法。

（2）灵活应用结构体与指针。

（3）深入理解函数在结构化程序设计中的作用。

二、实训内容

应用前面学过的数组、指针、结构体等内容，使用 C 语言实现一个学生成绩管理系统。其实现的功能如下。

（1）系统启动后，弹出一个用户界面，实现人机交互功能。此外，通过用户界面中的菜单命令实现各种功能（包括系统退出功能）。

（2）录入学生信息（包括班级、姓名、学号），并将其存入文件。

（3）计算学生 4 门课程的平均成绩并将其保存。

下面的功能必须在步骤（3）中的功能完成以后才能进行。

（4）输出学生信息和对应的原始成绩及平均成绩，可以按学号或姓名进行查找。

（5）按平均成绩进行排序，输出排序后的学生信息。

（6）对成绩进行修改，有两种方式，一种是按学号查找后进行修改，另一种是按姓名查找后进行修改，修改后重新排列学生的顺序，并输出学生信息及对应的课程成绩和平均成绩。

（7）增补遗漏的学生对应的信息和课程成绩，并计算出平均成绩，增补以后重新排序，输出学生信息及对应的课程成绩和平均成绩。

（8）删除多余的学生信息，可以按学号或姓名进行查找。

三、实训过程

（1）对系统任务进行分解，如表 1 所示。

表 1　系统任务分解

任 务 描 述	教师指导 （解决方案、实现步骤、技术路线、难点提示）	通 过 标 准
软件需求分析 软件规格说明和设计要求 数据管理方案	对软件功能进行分类 用户界面操作简单、功能完备，系统启动后，先录入数据，再求平均成绩，求出平均成绩后，其他功能才能实现 数据结构可以采用数组形式，也可以采用链表形式	文档通过验收

续表

任务描述	教师指导 （解决方案、实现步骤、技术路线、难点提示）	通过标准
分析学生成绩管理系统实现的思路，设计函数框架 设计数据结构（命名），设计函数框架（命名，考虑参数的类型和个数，即考虑数据之间的传递关系） 设计被系统调用的main()函数 设计界面函数	如果采用数组管理数据结构，则数组必须按地址传递，这样数据才能在各个函数之间共享 难点 1：系统的退出，使用 exit()函数需要引入 stdlib.h 文件 难点 2：使用 clrscr()函数清屏 难点 3：数据的传递	设计的函数框架通过调试，数据传递接口正常，main()函数能正常运行
设计数据录入函数，读取数据到数组中，或者创建链表	难点 1：数据输入后，怎样控制程序的开始与结束？用什么标志 难点 2：当结构体数组中的子域是一个数组时，数据不能直接读入，而需要用一个临时变量中转 难点 3：在输入数据时，要有完整的提示信息，以便操作指导	各个子函数调试通过，能被 main()函数成功调用
实现计算平均成绩的函数	难点：在录入数据时，数据保存到一个数组中，在计算平均值时，怎样能读取此数组中的数据	各个子函数调试通过，能被 main()函数成功调用
输出原始成绩	按照一定的格式输出	各个子函数调试通过，能被 main()函数成功调用
实现排序功能，并输出排序后的成绩	按照平均成绩排序 排序的算法可以是冒泡法或者选择法等 难点 1：如何分别在每个班中按平均成绩排序 难点 2：如何输出含有不及格课程的学生信息和成绩	各个子函数调试通过，能被 main()函数成功调用
能对某个学生信息和成绩进行修改	先按姓名查找，再修改 先按学号查找，再修改 如果要用对折查找法，那么数据应是有序的 难点：怎样输入并将成绩存入文件	
能增加学生信息	增加后重新排序并重新输出 难点：怎样从文件中读出数据	

（2）分析系统实现的思路。

① 功能分解：将一个问题分解为多个子问题。

② 考虑数据结构：结构体数组、结构体链表、文件、数据库文件。

③ 功能逐步细化：自顶向下设计，最小的模块使用函数实现。

④ 搭建框架，使用空函数实现。

⑤ 计算平均成绩及最大/最小成绩，通过冒泡排序法完成数组排序。

⑥ 使用 switch 语句，为用户提供具有选择性的多功能循环操作。

⑦ 使用 if-else 语句实现一些选择操作。

⑧ 使用结构体表示变量，将不同类型的数据结合成一个有机整体。

（3）绘制学生成绩管理系统的功能流程，如图 1 所示。

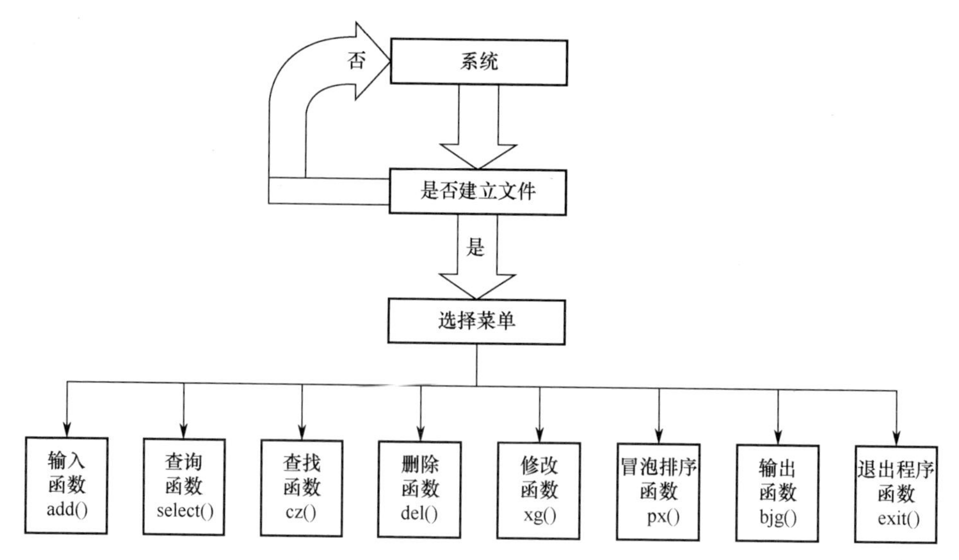

图 1　学生成绩管理系统的功能流程

（4）实现各个子函数。

```
//学生成绩管理系统
#include <stdio.h>
#include <stdlib.h>
#include <string.h>

struct student                          //学生信息使用结构体存储
{
    char name[100];                     //学生姓名
    char num[3];                        //学生学号
    float program;
    float computer;
    float english;
    float math;
    float sum;                          //总成绩
    float average;                      //平均成绩
};

struct student s[300];
int Number=0;

int dq(struct student s[])             //从文件中读取学生信息，并返回信息的条数
{
    FILE *fp=NULL;
    int i=0;
    fp=fopen("C:student.dat","rb");
    while(fread(&s[i],sizeof(struct student),1,fp))
        i++;
    fclose(fp);
```

```
    return i;
}

void menu()                          //系统菜单
{
printf("\t********************************************************
                                                    ***********\n");
printf("\t*\t\t\t\t\t\t\t\t*\n");
printf("\t*\t\t\t欢迎使用学生成绩管理系统\t\t\t*\n");
printf("\t*\t\t\t\t\t\t\t\t*\n");
printf("\t* * * * * * * * * * * * * * * * * * * * * * * * * * * *
                                                       * * * * *\n");
printf("\t* [1] 增加学生信息 \t\t[2] 查看学生信息 \t\t*\n");
printf("\t* * * * * * * * * * * * * * * * * * * * * * * * * * * *
                                                       * * * * *\n");
printf("\t* [3] 查找学生成绩 \t\t[4] 删除学生信息 \t\t*\n");
printf("\t* * * * * * * * * * * * * * * * * * * * * * * * * * * *
                                                       * * * * *\n");
printf("\t* [5] 修改学生成绩 \t\t[6] 成绩排序     \t\t*\n");
printf("\t* * * * * * * * * * * * * * * * * * * * * * * * * * * *
                                                       * * * * *\n");
printf("\t* [7]  输出挂科人数及成绩 \t[0] 退出系统     \t\t*\n");
printf("\t* * * * * * * * * * * * * * * * * * * * * * * * * * * *
                                                       * * * * *\n");
printf("\t*  \t\t\t*\n");
printf("\t* * * * * * * * * * * * * * * * * * * * * * * * * * * *
                                                       * * * * *\n");
printf("\t*      \t\t\t*\n");
printf("\t********************************************************
                                                    ***********\n");

}

void bc(struct student *s)      //将学生信息保存到文件中
{
    FILE *fp=NULL;
    fp=fopen("C:student.dat","ab+");
    fwrite(s,sizeof(struct student),1,fp);
    fclose(fp);
}

void add()                           //增加学生信息
{
    int n=0;
    int i=0,j=0,k=0;
    struct student S;
    printf("\t请输入要增加学生成绩的个数: ");
```

```
    scanf("%d",&n);
    for(i=0;i<n;i++)
    {
        k=0;
        printf("\t 输入第%d 个学生信息\n",i+1);
        printf("\t 请输入学生姓名: ");
        scanf("%s",&S.name);
        printf("\t 学号: ");
        scanf("%s",&S.num);
        for (j=0;j<Number;j++)
        {
            if(strcmp(S.num,s[i].num)==0)
            {
                k=1;
            }
        }
        if(k!=0)
        {
            printf("\t 添加失败，学号重复! \n");
        }
        else
        {
            printf("\t“编程基础”成绩: ");
            scanf("%f",&S.program);
            printf("\t“计算机导论”成绩: ");
            scanf("%f",&S.computer);
            printf("\t“公共外语”成绩: ");
            scanf("%f",&S.english);
            printf("\t“高等数学”成绩: ");
            scanf("%f",&S.math);
            S.sum=S.program+S.computer+S.english+S.math;
            S.average=S.sum/4;
        }
    }
    if(k==0)
    {
        s[Number++]=S;
        bc(&S);
        printf("\t\t\t\t ==>添加成功<==\n\n");
    }
}

void select()  //输出所有学生信息
{
    int i=0,j=0;
    for(i=0;i<Number;i++)
```

```
    {
        j++;
    }
    printf("\t 以下是全部 %d 名学生的成绩:\n",j);
    printf("姓名\t 学号\t 编程基础\t 计算机导论\t 公共外语\t 高等数学\t 总成绩
                                                        \t 平均成绩\n");
   for(i=0;i<Number;i++)
   {
      printf("%s\t%s\t%.2f\t%.2f\t%.2f\t%.2f\t\t%.2f\t%.2f\t\n",s[i].
      name,s[i].num,s[i].program,s[i].computer,s[i].english,s[i].
      math,s[i].sum,s[i].average);
   }
}

void xhxg()  //根据学生学号修改学生信息
{
    FILE *fp=NULL;
    char id[3];
    int i=0,j=0,k=0;
    int XH=-1;
    printf("\t 请输入要修改的学生学号: ");
    scanf("%s",id);
    for(i=0;i<Number;i++)
    {
        if (strcmp(id,s[i].num)==0)
        {
            XH=i;
        }
    }
    if(XH==-1)
    {
        printf("\t 不存在该学生信息! \n");
    }
    else
    {
         printf("\t 姓名\t 学号\t 编程基础\t 计算机导论\t 公共外语\t 高等数学\t
                                                  总成绩\t 平均成绩\n");
         printf("\t%s\t%s\t%.2f\t%.2f\t%.2f\t%.2f\t\t%.2f\t%.2f\n",s
         [XH].name,s[XH].num,s[XH].program,s[XH].computer,s[XH].engl
         ish,s[XH].math,s[XH].sum,s[XH].average);
         printf("\t 请重新输入该学生信息:\n");
         printf("\t 姓名: ");
         scanf("%s",s[XH].name);
         printf("\t 学号: ");
         scanf("%s",s[XH].num);
         for (j=0;j<Number;j++)
```

```
        {
            if(strcmp(s[XH].num,s[j].num)==0&&XH!=j)
            {
                k=1;
            }
        }
        if(k!=0)
        {
            printf("\t 修改失败，学号重复！\n");
        }
        else
        {
            printf("\t“编程基础”成绩：");
            scanf("%f",&s[XH].program);
            printf("\t“计算机导论”成绩：");
            scanf("%f",&s[XH].computer);
            printf("\t“公共外语”成绩：");
            scanf("%f",&s[XH].english);
            printf("\t“高等数学”成绩：");
            scanf("%f",&s[XH].math);

            s[XH].sum=s[XH].program+s[XH].computer+s[XH].english+s[XH].
                                                                    math;
            s[XH].average=s[XH].sum/4;

            for (i=0;i<Number;i++)
                {
                    fwrite(&s[i],sizeof(struct student),1,fp);
                }
            fclose(fp);
            printf("\t\t\t\t==>修改成功<==\n");
        }
    }
}

void xmxg()   //根据学生姓名修改学生信息
{
    FILE *fp=NULL;
    char name[60];
    int i=0,j=0,k=0;
    int XM=-1;
    printf("\t 请输入要修改的学生姓名：");
    scanf("%s",name);
    for (i=0;i<Number;i++)
    {
        if (strcmp(name,s[i].name)==0)
```

```
        {
            XM=i;
        }
    }
    if(XM==-1)
    {
        printf("\t 不存在该学生信息! \n");
    }
    else
    {
        printf("\t 姓名\t 学号\t 编程基础\t 计算机导论\t 公共外语\t 高等数学\t
                                                    总成绩\t 平均成绩\n");

        printf("\t%s\t%s\t%.2f\t%.2f\t%.2f\t%.2f\t\t%.2f\t%.2f\n\n",
        s[XM].name,s[XM].num,s[XM].program,s[XM].computer,s[XM].english,
        s[XM].math,s[XM].sum,s[XM].average);
        printf("\t 请重新输入该学生信息:\n");
        printf("\t 姓名: ");
        scanf("%s",s[XM].name);
        printf("\t 学号: ");
        scanf("%s",s[XM].num);
        for(j=0;j<Number;j++)
        {
           if(strcmp(s[XM].num,s[j].num)==0&&XM!=j)
           {
               k=1;
           }
        }
        if(k!=0)
        {
           printf("\t 修改失败，学号重复! \n");
        }
        else
        {
            printf("\t“编程基础”成绩: ");
            scanf("%f",&s[XM].program);
            printf("\t“计算机导论”成绩: ");
            scanf("%f",&s[XM].computer);
            printf("\t“公共外语”成绩: ");
            scanf("%f",&s[XM].english);
            printf("\t“高等数学”成绩: ");
            scanf("%f",&s[XM].math);
            fp=fopen("C:student.dat","wb");
            s[XM].sum=s[XM].program+s[XM].computer+s[XM].english+s[XM].
                                                                math;

            s[XM].average=s[XM].sum/4;
```

```
                for (i=0;i<Number;i++)
                    {
                        fwrite(&s[i],sizeof(struct student),1,fp);
                    }
                fclose(fp);
                printf("\t\t\t\t==>修改成功<==\n");
            }
        }
}

void fh()
{
    printf("\t\t\t    ==>按 Enter 键返回主菜单<==");
}

void xmcz()  //根据学生姓名查找并输出学生信息
{
    char name[7];
    int i=0,j=0;
    printf("\t 请输入要查找的学生姓名:");
    scanf("%s",name);
    system("cls");
    printf("\t 查找结果:\n");
    for (i=0;i<Number;i++)
    {
        if (strcmp(name,s[i].name)==0)
        {
            j=1;
            printf("姓名\t 学号\t 编程基础\t 计算机导论\t 公共外语\t 高等数学\t
                                                       总成绩\t 平均成绩\n");
            printf("%s\t%s\t%.2f\t%.2f\t%.2f\t%.2f\t\t%.2f\t%.2f\t\n",
            s[i].name,s[i].num,s[i].program,s[i].computer,s[i].english,
            s[i].math,s[i].sum,s[i].average);
        }
    }
    if (j==0)
    {
        printf("\t 不存在该学生信息! \n");
    }
}

void xhcz()  //根据学生学号查找并输出学生信息
{
    char id[7];
    int i=0,j=0;
    printf("\t 请输入要查找的学生学号:");
```

```
    scanf("%s",id);
    system("cls");
    printf("\t 查找结果:\n");
    for(i=0;i<Number;i++)
    {
        if (strcmp(id,s[i].num)==0)
        {
            j=1;
            printf("姓名\t 学号\t 编程基础\t 计算机导论\t 公共外语\t 高等数学\t
                                                总成绩\t 平均成绩\n");
            printf("%s\t%s\t%.2f\t%.2f\t%.2f\t%.2f\t\t%.2f\t%.2f\t\n",
            s[i].name,s[i].num,s[i].program,s[i].computer,s[i].english,
            s[i].math,s[i].sum,s[i].average);
        }
    }
    if(j==0)
    {
        printf("\t 不存在该学生信息! \n");
    }
}

void xmsc()  //根据学生姓名删除学生信息
{
    FILE *fp=NULL;
    char name[60];
    int i=0,j=0,k=0;
    printf("\t 请输入要删除的学生姓名: ");
    scanf("%s",name);
    for(i=0;i<Number;i++)
    {
        if (strcmp(name,s[i].name)==0)
        {
            printf("\t 删除的学生信息:\n 姓名\t 学号\t 编程基础\t 计算机导论\t
                                    公共外语\t 高等数学\t 总成绩\t 平均成绩\n");
            printf("%s\t%s\t%.2f\t%.2f\t%.2f\t%.2f\t\t%.2f\t%.2f\t\n",
            s[i].name,s[i].num,s[i].program,s[i].computer,s[i].english,
            s[i].math,s[i].sum,s[i].average);
            for (j=i;j<Number-1;j++)
            {
                s[j]=s[j+1];
            }
            Number--;
            k=1;
        }
    }
    fp=fopen("C:student.dat","wb");
```

```
    for (i=0;i<Number;i++)
    {
        fwrite(&s[i],sizeof(struct student),1,fp);
    }
    fclose(fp);
    if(k==1)
        printf("\t\t\t\t==>删除成功<==\n");
    else
        printf("\t\t\t\t==>信息不存在<==\n");
}

void cz()
{
    int n=0;
    printf("\t 请选择查找方式:\n");
    printf("\t1 按姓名查找\n");
    printf("\t2 按学号查找\n");
    scanf("%d",&n);
    switch(n)
    {
        case 1: xmcz();break;
        case 2: xhcz();break;
        default: printf("\t 输入有误，结束!\n");break;
    }
}

void xhsc()  //根据学生学号删除学生信息
{
    FILE *fp=NULL;
    char id[60];
    int i=0,j=0,k=0;
    printf("\t 请输入要删除的学生学号: ");
    scanf("%s",id);
    for(i=0;i<Number;i++)
    {
        if (strcmp(id,s[i].num)==0)
        {
            printf("\t 删除的学生信息:\n 姓名\t 学号\t 编程基础\t 计算机导论\t
                                公共外语\t 高等数学\t 总成绩\t 平均成绩\n");
            printf("%s\t%s\t%.2f\t%.2f\t%.2f\t%.2f\t%.2f\t%.2f\t\n",
            s[i].name,s[i].num,s[i].program,s[i].computer,s[i].english,
            s[i].math,s[i].sum,s[i].average);
            for (j=i;j<Number-1;j++)
            {
                s[j]=s[j+1];
            }
```

```
                Number--;
                k=1;
            }
    }
    fp=fopen("C:student.dat","wb");
    for (i=0;i<Number;i++)
    {
        fwrite(&s[i],sizeof(struct student),1,fp);
    }
    fclose(fp);
    if(k==1)
        printf("\t\t\t\t==>删除成功<==\n");
    else
        printf("\t\t\t\t==>信息不存在<==\n");
}

void sh()
{
    int n=0;
    printf("\t 请选择删除方式:\n");
    printf("\t1 按姓名删除\n");
    printf("\t2 按学号删除\n\t");
    scanf("%d",&n);
    switch(n)
    {
    case 1: xmsc();break;
    case 2: xhsc();break;
    }
}

void px()
{
    struct student P;
    int X=0;
    int i=0,j=0,k=0;
    for(i=0;i<Number-1;i++)
    {
        for(j=0;j<Number-1-i;j++)
        {
            if(s[j].average>s[j+1].average)
            {
                P=s[j];
                s[j]=s[j+1];
                s[j+1]=P;
            }
        }
```

```
    }
    printf("\t 你想输出前几名学生的成绩：");
    scanf("%d",&X);
    if (X>Number)
    {
        X=Number;
    }
    i=1;
    printf("\t\t\t 名次\t 姓名\t 学号\t 平均成绩\n");
    for(k=Number-1;k>(Number-X-1);k--)
    {
        printf("\t\t\t%d\t%s\t%s\t%.2f\n",i,s[k].name,s[k].num,s[k].
                                                              average);
        if(s[k].average!=s[k-1].average)
        {i++; }
    }
}

void bjg()  //统计不及格的学生信息
{
    int i=0,j=0;
    for(i=0;i<Number;i++)
    {
        if(s[i].program<60||s[i].computer<60||s[i].english<60||s[i].
                                                              math<60)
        {j++;}
    }
    if(j==0)
        printf("\t 不存在不及格的学生!\n\n");
    else
    {
        printf("\t 以下是 %d 名不及格的学生信息:\n",j);
        printf("姓名\t 学号\t 编程基础\t 计算机导论\t 公共外语\t 高等数学\t 总成
                                                    绩\t 平均成绩\n");
    }
    for(i=0;i<Number;i++)
    {
        if(s[i].program<60||s[i].computer<60||s[i].english<60||s[i].
                                                              math<60)
        {
            printf("%s\t%s\t%.2f\t%.2f\t%.2f\t%.2f\t\t%.2f\t%.2f\t\n",
            s[i].name,s[i].num,s[i].program,s[i].computer,s[i].english,
            s[i].math,s[i].sum,s[i].average);
        }
    }
}
```

```
void xg()
{
    int way=0;
    printf("\t 请选择查找方式\n");
    printf("\t1 按姓名查找\n");
    printf("\t2 按学号查找\n\t");
    scanf("%d",&way);
    switch(way)
    {
    case 1: xmxg();
        break;
    case 2: xhxg();
        break;
    default: printf("\t 输入有误，结束!\n");
        break;
    }
}

/*
 * 用于读取不必要的行输入末尾
 */
char shit[1024] = { 0 };

int main()
{
    int choose=0;
    FILE *fp=NULL;
    char yesorno;
    if((fp=fopen("C:student.dat","rb"))==NULL)
    {
        printf("\n\t\t\t==>提示：文件不存在，是否要创建一个?(y/n)\n");
        scanf("%c",&yesorno);
        if(yesorno=='y'||yesorno=='Y')
        {
            fp=fopen("C:student.dat","wb");
            fclose(fp);
        }
        else
            exit(0);
    }
    else
    {
        Number=dq(s);
    }
    system("cls");
```

```
    while(true)
    {
        Number=dq(s);
        menu();
        printf("\n\t\t\t==>请选择操作：");
        scanf("%d",&choose);
        gets(shit);
        system("cls");
        switch(choose)
        {
        case 0: exit(0);
            break;
        case 1: add();
            fh();break;
        case 2: select();
            fh();break;
        case 3: cz();
            fh();break;
        case 4: sh();
            fh(); break;
        case 5:xg();
            fh();break;
        case 6: px();
            fh();break;
        case 7: bjg();
            fh(); break;
        default:
            printf("\t 输入错误！\n");
            fh();
            break;
        }
        fflush(stdin);
        getchar();
        system("cls");
    }
}
```

四、实训小结

本次实训以学生成绩管理系统项目为例，在对系统进行分析后，分别实现了各个功能模块，以使学生深入理解 C 语言的真正用途。在具体操作中，学生可以对 C 语言的理论知识进行巩固，达到实训的目的，也可以发现自己的不足之处，在以后的实践中更加注意。通过本实训，学生可以对数组、指针、结构体等有更深刻的理解。

附录 A　ASCII 码表

十进制	十六进制	说明	十进制	十六进制	说明	十进制	十六进制	说明
0	00	NULL	43	2B	+	86	56	V
1	01	SOH	44	2C	,	87	57	W
2	02	STX	45	2D	—	88	58	X
3	03	ETX	46	2E	.	89	59	Y
4	04	EOT	47	2F	/	90	5A	Z
5	05	ENQ	48	30	0	91	5B	[
6	06	ACK	49	31	1	92	5C	\
7	07	响铃	50	32	2	93	5D	]
8	08	退格	51	33	3	94	5E	^
9	09	HT	52	34	4	95	5F	—
10	0A	换行	53	35	5	96	60	`
11	0B	VT	54	36	6	97	61	a
12	0C	FF	55	37	7	98	62	b
13	0D	回车	56	38	8	99	63	c
14	0E	SO	57	39	9	100	64	d
15	0F	SI	58	3A	:	101	65	e
16	10	DLE	59	3B	;	102	66	f
17	11	DC1	60	3C	<	103	67	g
18	12	DC2	61	3D	=	104	68	h
19	13	DC3	62	3E	>	105	69	i
20	14	DC4	63	3F	?	106	6A	j
21	15	NAK	64	40	@	107	6B	k
22	16	SYN	65	41	A	108	6C	l
23	17	ETB	66	42	B	109	6D	m
24	18	CAN	67	43	C	110	6E	n
25	19	EM	68	44	D	111	6F	o
26	1A	SUB	69	45	E	112	70	p
27	1B	ESC	70	46	F	113	71	q
28	1C	FS	71	47	G	114	72	r
29	1D	GS	72	48	H	115	73	s
30	1E	RS	73	49	I	116	74	t
31	1F	US	74	4A	J	117	75	u
32	20	空格	75	4B	K	118	76	v
33	21	!	76	4C	L	119	77	w
34	22	″	77	4D	M	120	78	x
35	23	#	78	4E	N	121	79	y
36	24	￥	79	4F	O	122	7A	z
37	25	%	80	50	P	123	7B	{
38	26	&	81	51	Q	124	7C	|
39	27	`	82	52	R	125	7D	}
40	28	(	83	53	S	126	7E	—
41	29	)	84	54	T	127	7F	DEL
42	2A	*	85	55	U			

注：ASCII 码表中的 0～31 为不可显示的控制字符。

附录 B　运算符的优先级与结合性

优先级	运算符	含义	要求运算对象的个数	结合方向
1	() [] → .	圆括号 下标运算标 指向结构体成员运算符 结构体成员运算符	—	自左至右
2	! ~ ++ − − (类型) * & sizeof	逻辑非运算符 取反运算符 自增运算符 自减运算符 负号 类型转换运算符 指针运算符 按位与运算符 长度运算符	1 （单目运算符）	自右至左
3	* / %	乘法运算符 除法运算符 求余运算符	2 （双目运算符）	自左至右
4	+ −	加法运算符 减法运算符		自左至右
5	<< >>	左移运算符 右移运算符		自左至右
6	<　<= >　>=	关系运算符		自左至右
7	== !=	等于运算符 不等于运算符		自左至右
8	&	按位与运算符		自左至右
9	^	按位异或运算符		自左至右
10	|	按位或运算符		自左至右
11	&&	逻辑与运算符		自左至右
13	?:	条件运算符		自右至左
14	=、+=、−=、 *=、/= %=、>>=、<<=、 &=、^=、|=	赋值运算符		自右至左
15	,	逗号	—	自左至右